建筑表格填写范例及资料归档系列丛书

建筑表格填写范例及资料归档手册
（细部版）
——地基与基础工程

主编单位　北京土木建筑学会

U0352925

北　京
冶金工业出版社
2015

内 容 提 要

建筑工程资料是在工程建设过程中形成的各种形式的信息记录，是城市建设档案的重要组成部分。工程资料的管理与归档工作，是建筑工程施工的重要组成部分。

本书依据资料管理规程、文件归档以及质量验收系列规范等最新的标准规范要求，并结合地基与基础工程专业特点，以分项工程为对象进行精心编制，整理出每个分项工程应形成的技术资料清单，对各分项工程涉及的资料表格进行了填写范例以及填写说明，极大的方便了读者的使用。本书适用于工程技术人员、检测试验人员、监理单位及建设单位人员应用，也可作为大中专院校、继续教育等培训教材应用。

图书在版编目(CIP)数据

建筑表格填写范例及资料归档手册：细部版．地基
与基础工程 / 北京土木建筑学会主编．— 北京：冶金
工业出版社，2015.11
（建筑表格填写范例及资料归档系列丛书）
ISBN 978-7-5024-7136-1

Ⅰ．①建… Ⅱ．①北… Ⅲ．①地基－表格－范例－手
册②基础（工程）－表格－范例－手册③地基－技术档案
－档案管理－手册④基础（工程）－技术档案－档案管理
－手册 Ⅳ．①TU7-62②G275.3-62

中国版本图书馆 CIP 数据核字（2015）第 272517 号

出 版 人 谭学余
地　　址　北京市东城区嵩祝院北巷 39 号　邮编　100009　电话　(010)64027926
网　　址　www.cnmip.com.cn　电子信箱　yjcbs@cnmip.com.cn
责任编辑　肖　放　美术编辑　杨秀秀　版式设计　李连波
责任校对　齐丽香　责任印制　李玉山
ISBN 978-7-5024-7136-1
冶金工业出版社出版发行；各地新华书店经销；三河市双峰印刷装订有限公司印刷
2015 年 11 月第 1 版，2015 年 11 月第 1 次印刷
787mm×1092mm　1/16；19.5 印张；513 千字；306 页
48.00 元

冶金工业出版社　投稿电话　(010)64027932　投稿信箱　tougao@cnmip.com.cn
冶金工业出版社营销中心　电话　(010)64044283　传真　(010)64027893
冶金书店　地址　北京市东四西大街 46 号(100010)　电话　(010)65289081(兼传真)
冶金工业出版社天猫旗舰店　yjgycbs.tmall.com
（本书如有印装质量问题，本社营销中心负责退换）

建筑表格填写范例及资料归档手册(细部版)
——地基与基础工程
编 委 会 名 单

主编单位：北京土木建筑学会

主要编写人员所在单位：

中国建筑业协会工程建设质量监督与检测分会

中国工程建设标准化协会建筑施工专业委员会

北京万方建知教育科技有限公司

北京筑业志远软件开发有限公司

北京建工集团有限责任公司

北京城建集团有限责任公司

中铁建设集团有限公司

北京住总第六开发建设有限公司

万方图书建筑资料出版中心

主　　审：吴松勤　葛恒岳

编写人员：崔　铮　申林虎　刘瑞霞　张　渝　杜永杰　谢　旭
　　　　　徐宝双　姚亚亚　张童舟　裴　哲　赵　伟　郭　冲
　　　　　刘兴宇　陈昱文　刘建强　温丽丹　吕珊珊　潘若林
　　　　　王　峰　王　文　郑立波　刘福利　丛培源　肖明武
　　　　　欧应辉　黄财杰　孟东辉　曾　方　腾　虎　梁泰臣
　　　　　张义昆　于栓根　张玉海　宋道霞　张　勇　白志忠
　　　　　李连波　李达宁　叶梦泽　杨秀秀　付海燕　齐丽香
　　　　　蔡　芳　张凤玉　庞灵玲　曹养闻　王佳林　杜　健

前　　言

　　建筑工程资料是在工程建设过程中形成的各种形式的信息记录。它既是反映工程质量的客观见证，又是对工程建设项目进行过程检查、竣工验收、质量评定、维修管理的依据，是城市建设档案的重要组成部分。工程资料实现规范化、标准化管理，可以体现企业的技术水平和管理水平，是展现企业形象的一个窗口，进而提升企业的市场竞争能力，是适应我国工程建设质量管理改革形势的需要。

　　北京土木建筑学会组织建筑施工经验丰富的一线技术人员、专家学者，根据建筑工程现场施工实际以及工程资料表格的填写、收集、整理、组卷和归档的管理工作程序和要求，编制的《建筑表格填写范例及资料归档系列丛书》，包括《细部版．地基与基础工程》、《细部版．主体结构工程》、《细部版．装饰装修工程》和《细部版．机电安装工程》4 个分册，丛书自 2005年首次出版以来，经过了数次的再版和重印，极大程度地推动了工程资料的管理工作标准化、规范化，深受广大读者和工程技术人员的欢迎。

　　随着最新的《建筑工程资料管理规程》（JGJ/T 185－2009）、《建设工程文件归档规范》（GB 50328－2014）以及《建筑工程施工质量验收统一标准》（GB 50300－2013）和系列质量验收规范的修订更新，对工程资料管理与归档工作提出了更新、更严、更高的要求。为此，北京土木建筑学会组织专家、学者和一线工程技术人员，按照最新标准规范的要求和资料管理与归档规定，重新编写了这套适用于各专业的资料表格填写及归档丛书。

　　本套丛书的编制，依据资料管理规程、文件归档以及质量验收系列规范等最新的标准规范要求，并结合建筑工程专业特点，以分项工程为对象进行精心编制，整理出每个分项工程应形成的技术资料清单，对各分项工程涉及的资料表格进行了填写范例以及填写说明，极大的方便了读者的使用，解决了实际工作中资料杂乱、划分不清楚的问题。

　　本书《建筑表格填写范例及资料归档手册（细部版）——地基与基础工程》，主要涵盖了如下子分部工程：地基处理工程、基础工程、基坑支护工程、地下水控制工程、土方工程、地下防水工程，本次编制出版，重点对以下内容进行了针对性的阐述：

　　（1）每个子分部工程增加了施工资料清单，以方便读者对相关资料的齐全性进行核实。

　　（2）按《建筑工程施工质量验收统一标准》（GB 50300－2013）的要求对分部、分项、检验批的质量验收记录做了详细说明。

　　（3）依据最新国家标准规范对全书相关内容进行了更新。

　　本次新版的编制过程中，得到了广大一线工程技术人员、专家学者的大力支持和辛苦劳作，在此一并致以深深谢意。

　　由于编者水平有限，书中内容难免会有疏漏和错误，敬请读者批评和指正，以便再版修订更新。

编　者

2015 年 11 月

目　　录

第1章

工程资料的形成与管理要求

1.1 施工资料管理

施工资料是施工单位在工程施工过程中收集或形成的,由参与工程建设各相关方提供的各种记录和资料。主要包括施工、设计(勘察)、试(检)验、物资供应等单位协同形成的各种记录和资料。

1.1.1 施工资料管理的特点

施工资料管理是一项贯穿工程建设全过程的管理,在管理过程中,存在上下级关系、协作关系、约束关系、供求关系等多重关联关系。需要相关单位或部门通利配合与协作,具有综合性、系统化、多元化的特点。

1.1.2 施工资料管理的原则

(1)同步性原则。

施工资料应保证与工程施工同步进行,随工程进度收集整理。

(2)规范性原则。

施工资料所反映的内容要准确,符合现行国家有关工程建设相关规范、标准及行业、地方等规程的要求。

(3)时限性原则。

施工资料的报验报审及验收应有时限的要求。

(4)有效性原则。

施工资料内容应真实有效,签字盖章完整齐全,严禁随意修改。

1.1.3 施工资料的分类

1. 单位工程施工资料按专业划分。

(1)建筑与结构工程

(2)基坑支护与桩基工程

(3)钢结构与预应力工程

(4)幕墙工程

(5)建筑给水排水及供暖工程

(6)建筑电气工程

(7)智能建筑工程

(8)建筑通风与空调工程

(9)电梯工程

(10)建筑节能工程

2. 单位工程施工资料按类别划分。

单位工程施工资料按类别划分,应依据图 1-1 所示。

3. 施工管理资料是在施工过程中形成的反映施工组织及监理审批等情况资料的统称。主要内容有:施工现场质量管理检查记录、施工过程中报监理审批的各种报验报审表、施工试验计划及施工日志等。

C1　施工管理资料

C2　施工技术资料

C3　施工测量记录

C4　施工物资资料

C5　施工记录

C6　施工试验资料

C7　过程验收资料

C8　竣工质量验收资料

建筑与结构工程
基坑支护与桩基工程
钢结构与预应力工程
幕墙工程
建筑给水排水及采暖工程
建筑电气工程
智能建筑工程
建筑通风与空调工程
电梯工程
建筑节能工程

图 1-1　施工资料分类(按类别分)

4. 施工技术资料是在施工过程中形成的,用以指导正确、规范、科学施工的技术文件及反映工程变更情况的各种资料的总称。主要内容有:施工组织设计及施工方案、技术交底记录、图纸会审记录、设计变更通知单、工程变更洽商记录等。

5. 施工测量资料是在施工过程中形成的确保建筑物位置、尺寸、标高和变形量等满足设计要求和规范规定的各种测量成果记录的统称。主要内容有:工程定位测量记录、基槽平面标高测量记录、楼层平面放线及标高抄测记录、建筑物垂直度及标高测量记录、变形观测记录等。

6. 施工物资资料是指反映工程施工所用物资质量和性能是否满足设计和使用要求的各种质量证明文件及相关配套文件的统称。主要内容有:各种质量证明文件、材料及构配件进场检验记录、设备开箱检验记录、设备及管道附件试验记录、设备安装使用说明书、各种材料的进场复试报告、预拌混凝土(砂浆)运输单等。

7. 施工记录资料是施工单位在施工过程中形成的,为保证工程质量和安全的各种内部检查记录的统称。主要内容有:隐蔽工程验收记录、交接检查记录、地基验槽检查记录、地基处理记录、桩施工记录、混凝土浇灌申请书、混凝土养护测温记录、构件吊装记录、预应力筋张拉记录等。

8. 施工试验资料是指按照设计及国家规范标准的要求,在施工过程中所进行的各种检测及测试资料的统称。主要内容有:土工、基桩性能、钢筋连接、埋件(植筋)拉拔、混凝土(砂浆)性能、施工工艺参数、饰面砖拉拔、钢结构焊缝质量检测及水暖、机电系统运转测试报告或测试记录。

9. 过程验收资料是指参与工程建设的有关单位根据相关标准、规范对工程质量是否达到合格做出确认的各种文件的统称。主要内容有:检验批质量验收记录、分项工程质量验收记录、分部(子分部)工程质量验收记录、结构实体检验等。

10. 工程竣工质量验收资料是指工程竣工时必须具备的各种质量验收资料。主要内容有:单位工程竣工预验收报验表、单位(子单位)工程质量竣工验收记录、单位(子单位)工程质量控制资料核查记录、单位(子单位)工程安全和功能检验资料核查及主要功能抽查记录、单位(子单位)工程观感质量检查记录、室内环境检测报告、建筑节能工程现场实体检验报告、工程竣工质量报告、工程概况表等。

1.1.4　施工资料编号

1. 工程准备阶段文件、工程竣工文件宜按《建筑工程资料管理规程》(JGJ/T 185－2009)附录 A 表 A.2.1 中规定的类别和形成时间顺序编号。

2. 监理资料宜按《建筑工程资料管理规程》(JGJ/T 185－2009)附录 A 表 A.2.1 中规定的类别和形成时间顺序编号。

3. 施工资料编号宜符合下列规定:

(1)施工资料编号可由分部、子分部、分类、顺序号 4 组代号组成,组与组之间应用横线隔开(图 1-2):

$$\underline{\times\times}-\underline{\times\times}-\underline{\times\times}-\underline{\times\times\times}$$
$$\textcircled{1}\qquad\textcircled{2}\qquad\textcircled{3}\qquad\textcircled{4}$$

图 1-2　施工资料分类(按类别分)

注:①为分部工程代号,按《建筑工程质量验收统一标准》GB 50300－2013 附录 B 的规定执行。

②为子分部工程代号,按《建筑工程质量验收统一标准》GB 50300－2013 附录 B 的规定执行。

③为资料的类别编号,按《建筑工程资料管理规程》(JGJ/T 185－2009)附录 A 表 A.2.1 的规定执行。

④为顺序号,可根据相同表格、相同检查项目,按形成时间顺序填写。

(2)属于单位工程整体管理内容的资料,编号中的分部、子分部工程代号可用"00"代替;

(3)同一厂家、同一品种、同一批次的施工物资用在两个分部、子分部工程中时,资料编号中的分部、子分部工程代号可按主要使用部位填写。

4. 竣工图宜按《建筑工程资料管理规程》(JGJ/T 185－2009)附录 A 表 A.2.1 中规定的类别和形成时间顺序编号。

5. 工程资料的编号应及时填写,专用表格的编号应填写在表格右上角的编号栏中;非专用表格应在资料右上角的适当位置注明资料编号。

1.2　施工资料的形成

1. 施工技术及管理资料的形成(图 1-3)。

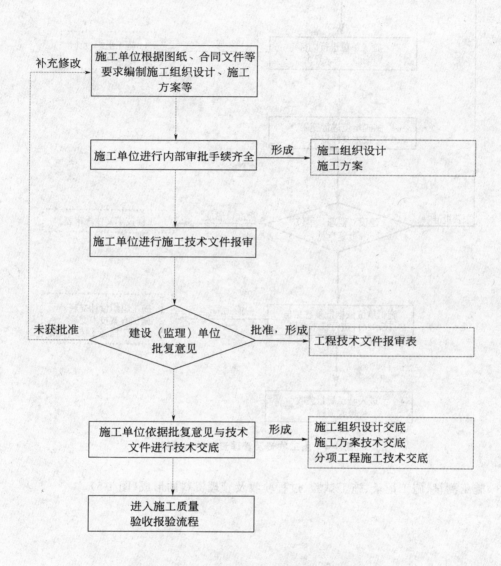

图 1-3　施工技术及管理资料的形成流程

2. 施工物资及管理资料的形成(图 1-4)。

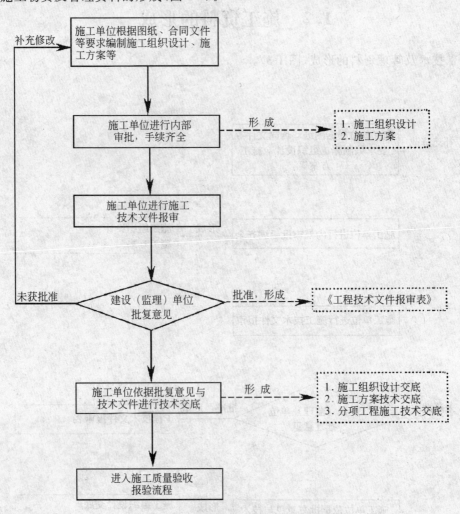

图 1-4　施工物资及管理资料的形成流程

3. 施工测量、施工记录、施工试验、过程验收及管理资料的形成(图 1-5)。

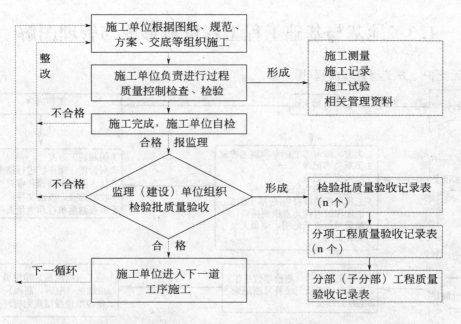

图 1-5　施工测量、施工记录、施工试验、过程验收及管理资料的形成流程

4. 工程竣工质量验收资料的形成（图 1-6）。

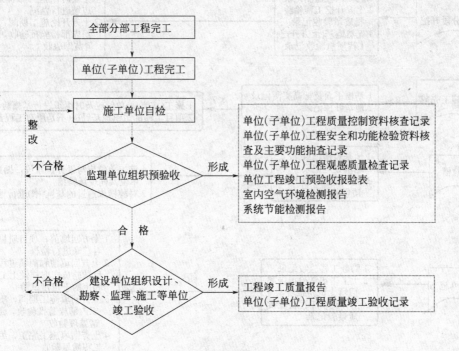

图 1-6　工程竣工质量验收资料的形成流程

1.3 地基与基础工程工程资料形成与管理图解

1. 无支护土方工程管理流程(图 1-7)

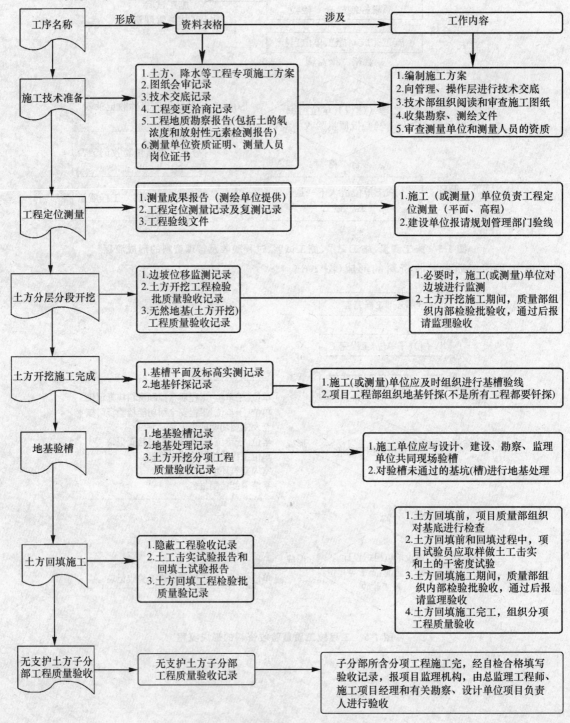

图 1-7 无支护土方工程管理流程

2. 地下防水工程资料管理流程（图 1-8）

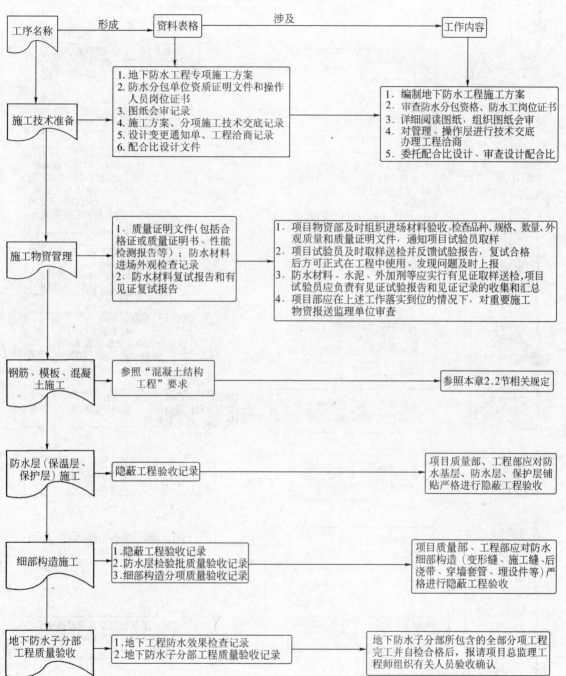

图 1-8　地下防水工程资料管理流程

3. 土钉墙（喷锚）支护工程资料管理流程（图1-9）

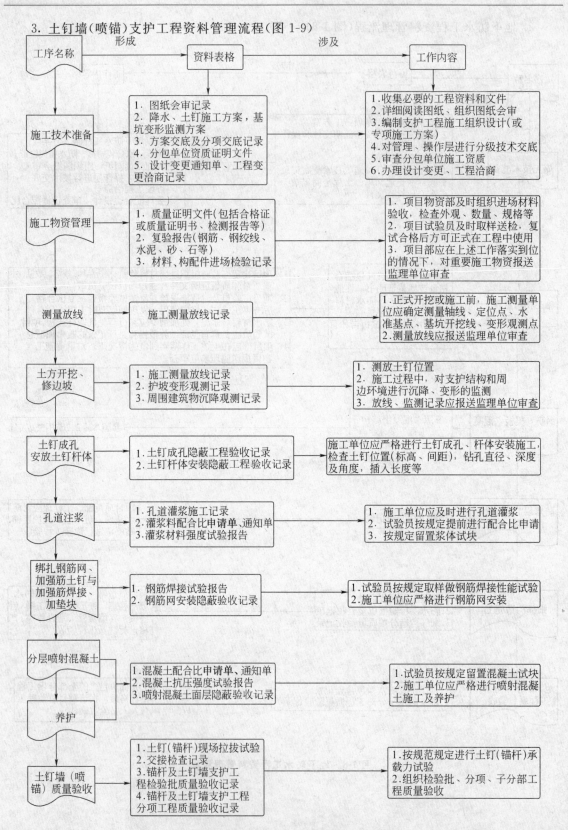

图1-9　土钉墙（喷锚）支护工程资料管理流程

4. 排桩(灌注桩)支护工程资料管理流程(图 1-10)

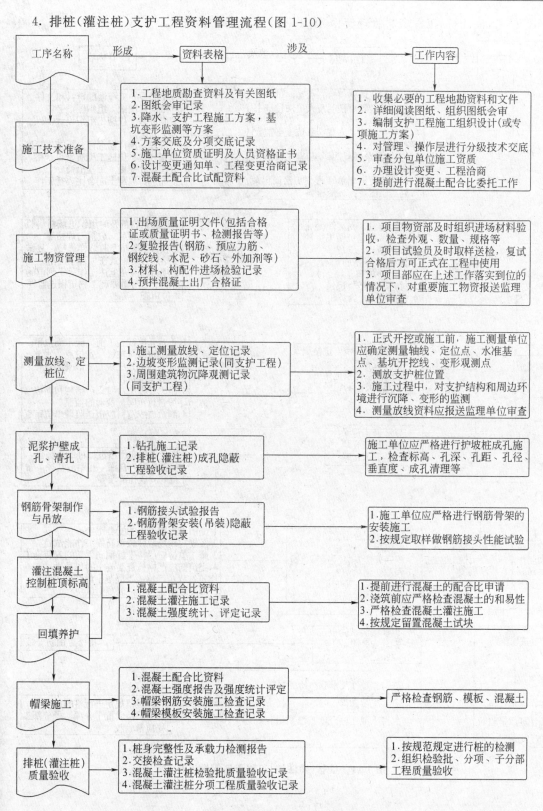

图 1-10 排桩(灌注桩)支护工程资料管理流程

一册在手 表格全有 贴近现场 资料无忧

5. 桩基(灌注桩)工程资料管理流程(图 1-11)

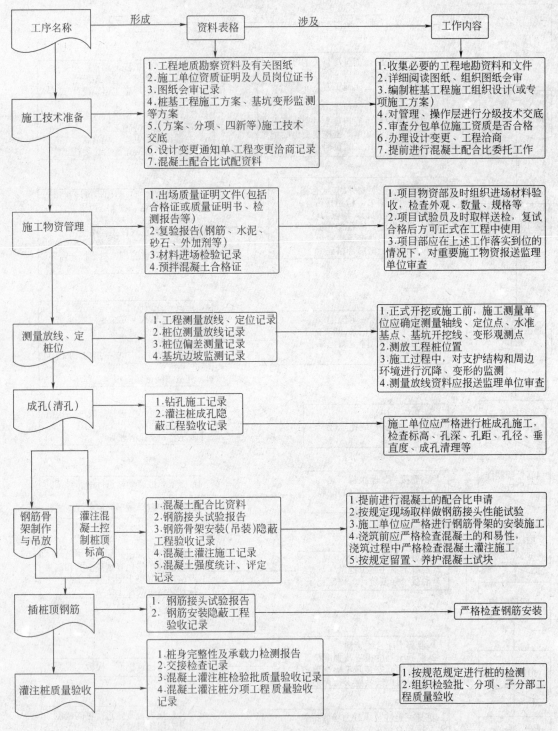

图 1-11 桩基(灌注桩)工程资料管理流程

6. 水泥粉煤灰碎石桩工程资料管理流程（图 1-12）

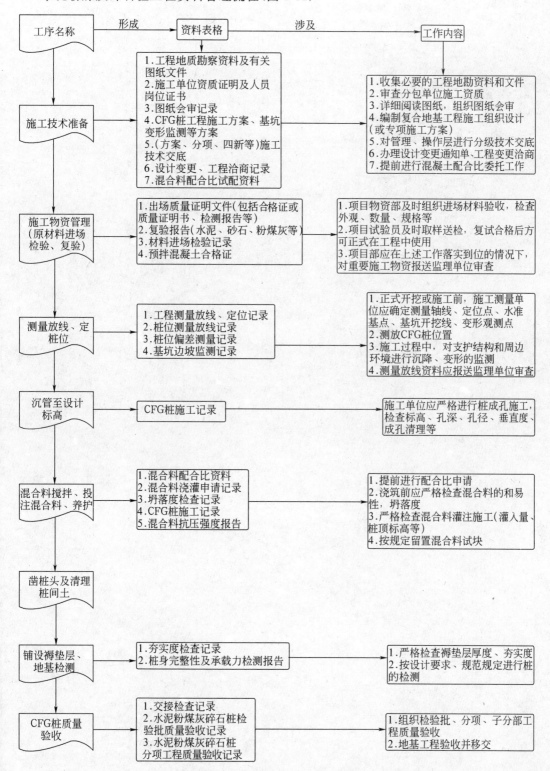

图 1-12　水泥粉煤灰碎石桩工程资料管理流程

第 2 章

地基处理工程资料及范例

地基子分部工程应参考的标准及规范清单(含各分项工程)

《建筑工程施工质量验收统一标准》(GB 50300－2013)

《建筑地基基础工程施工质量验收规范》(GB 50202－2002)

《建筑地基基础工程施工规范》(GB 51004－2015)

《建筑地基基础设计规范》(GB 50007－2011)

《建筑基坑工程监测技术规范》(GB 50497－2009)

《通用硅酸盐水泥》(GB 175－2007)

《湿陷性黄土地区建筑规范》(GB 50025－2004)

《膨胀土地区建筑技术规范》(GB 50112－2013)

《土工试验方法标准》(GB/T 50123－1999)

《土的工程分类标准》(GB/T 50145－2007)

《土工合成材料应用技术规范》(GB/T 50290－2014)

《粉煤灰混凝土应用技术规范》(GB/T 50146－2014)

《建设用砂》(GB/T 14684－2011)

《建设用卵石、碎石》(GB/T 14685－2011)

《复合地基技术规范》(GB/T 50783－2012)

《用于水泥和混凝土中的粉煤灰》(GB/T 1596－2005)

《冻土地区建筑地基基础设计规范》(JGJ 118－2011)

《地下建筑工程逆作法技术规程》(JGJ 165－2010)

《建筑地基处理技术规范》(JGJ 79－2012)

《建筑施工土石方工程安全技术规范》(JGJ 180－2009)

《高压喷射扩大头锚杆技术规程》(JGJ/T 282－2012)

《强夯地基处理技术规程》(CECS 279:2010)

2.1　素土、灰土地基

2.1.1　素土、灰土地基工程资料列表

(1)施工技术资料

素土、灰土地基工程技术交底记录

(2)施工物资资料

1)工程物资进场报验表

2)材料、构配件进场检验记录

3)石灰出厂合格证及检验报告

(3)施工记录

1)地基隐蔽工程验收记录

2)素土、灰土回填施工检查记录

3)测量放线复核记录

(4)施工试验记录及检测报告

1)地基承载力检验报告

2)土工击实试验报告

3)回填土试验报告

4)配合比试验记录

(5)施工质量验收记录

1)素土、灰土地基工程检验批质量验收记录表

2)素土、灰土地基分项工程质量验收记录表

2.1.2 素土、灰土地基工程资料填写范例

隐蔽工程验收记录

工程名称	××办公楼工程	编　号	×××
隐检项目	灰土地基	隐检日期	2015 年 6 月 9 日
隐检部位	基础层①～⑬/Ⓐ～Ⓒ轴线－6.500m 标高		

隐检依据:施工图号＿＿＿结施－1、结施－3、地基勘察报告(编号××)＿＿＿,设
计变更/工程变更单(编号＿＿＿＿＿＿/＿＿＿＿＿＿)及有关国家现行标准等。
主要材料名称及规格/型号:＿＿＿3:7灰土＿＿＿

隐检内容:

　　1. 根据施工图纸要求,基槽土层已挖至－6.500m。在摊铺灰土前,经钎探检查,地质情况符合勘察报告,无地下水。

　　2. 槽底清理:清除槽内浮土、积水和泥浆,坑(槽)边坡稳定。

　　3. 基底轴线尺寸。

　　4. 土料、石灰材质、配合比均匀符合设计要求。

　　5. 施工中检查分层铺设厚度、分段施工上下层的搭接长度、加水量、夯压遍数及压实系数,均符合规范要求。

　　6. 地基承载力检查结果达到设计要求。

检查结论:

　　经检查,隐检项目符合设计要求和《建筑地基基础工程施工质量验收规范》(GB 50202－2002)的规定。

☑同意隐蔽　　□不同意隐蔽

签字栏	施工单位	××建设集团有限公司	专业技术负责人	专业质检员
			王××	赵××
	监理单位	××工程建设监理有限公司	专业监理工程师	张××

《隐蔽工程验收记录》填写说明

隐蔽工程是指工程项目建设过程中,某一道工序所完成的工程实物,被后一工序形成的工程实物所隐蔽,而且不可逆向作业的工程。

一、填写依据

1. 规范名称

《建筑工程施工质量验收统一标准》GB 50300—2013。

2. 填写要点

(1)工程名称:与施工图纸图签中名称一致。

(2)编号:按工程资料编号要求填写。

(3)隐检项目:应按实际检查项目填写,具体写明(子)分部工程名称和施工工序主要检查内容。

(4)隐检部位:对于结构工程隐蔽部位应体现层、轴线、标高和主要构件名称。

(5)隐检日期:按实际检查日期填写。

(6)隐检依据:施工图纸、设计变更单/工程变更单、有关国家现行标准,如相关的施工质量验收规范、标准、规程;本工程的施工组织设计、(专项)施工方案、技术交底等。特殊的隐检项目如新材料、新工艺、新设备等要标注具体的执行标准文号或企业标准文号。

(7)主要材料名称及规格/型号:按实际发生材料、设备填写,将各主要材料名称及对应的规格/型号表述清楚。

(8)隐检内容:结合设计、规范要求,将隐蔽部位关联的隐检项目和涉及的各检查点描述具体详细。应严格反映施工图的设计要求;按照施工质量验收规范的自检情况(如原材料复验、连接件试验、主要施工工艺做法等)。若文字不能表达清楚的,可用详图或大样图表示。

(9)检查结论:按照监理单位检查意见填写。所有隐检内容是否全部符合要求应明确;隐检中第一次验收未通过的,应注明质量问题和复查要求;隐蔽验收后应确认结论,在相应的选择框□同意隐蔽,□不同意隐蔽处划“√”。

(10)签字栏:应本着“谁施工、谁签认”的原则。对于专业分包工程应体现专业分包单位名称,分包单位的各级责任人签认后再报请总包签认,总包签认后再报请监理签认。各方签字后生效。

二、表格解析

1. 责任部门

施工单位项目专业技术负责人、专业质检员、专业工长(施工员)、项目监理机构专业监理工程师等。

2. 提交时限

检查合格后 1d 内完成,检验批验收前提交。

3. 相关要求

(1)隐蔽工程验收的程序和组织

施工过程中,隐蔽工程在隐蔽前,施工单位应按照有关标准、规范和设计图纸的要求自检合格后,填写隐蔽工程验收记录(有关监理验收记录及结论不填写)和隐蔽工程报审、报验表等表格,向项目监理机构(建设单位)进行申请验收,项目专业监理工程师(建设单位项目专业技术负责人)组织施工单位项目专业质量(技术)负责人等严格按设计图纸和有关标准、规范进行验收:

对施工单位所报资料进行审查,组织相关人员到验收现场进行实体检查、验收,同时应留有照片、影像等资料。对验收不合格的工程,专业监理工程师(建设单位项目专业技术负责人)应要求施工单位进行整改,自检合格后予以复查;对验收合格的工程,专业监理工程师(建设单位项目专业技术负责人)应签认隐蔽工程验收记录和隐蔽工程报审、报验表,准予进行下一道工序施工。

(2)土方工程主要隐检项目

1)检查内容:依据施工图纸、地质勘探报告、有关施工验收规范要求,检查基底清理情况,基底标高,基底轮廓尺寸等情况。

2)填写要点:土方工程隐检记录中要注明施工图纸编号,地质勘测报告编号,将检查内容描述清楚。

土工击实试验报告

(2015) 量认 (国) 字 (U0375) 号

工程名称	××综合楼工程	编　号	×××
委托单位	××建设集团有限公司	试验编号	TS 2015－0042
		试件编号	001
试验委托人	×××	委托编号	2015－01460
结构类型	全现浇剪力墙	填土部位	基槽①～⑦/Ⓑ～Ⓖ轴
要求压实系数 (λ_C)	0.97	土样种类	2∶8 灰土
来样日期	××年×月×日	试验日期	××年×月×日

试验结果	最优含水率(ω_{op})＝　18.2 %
	最大干密度(ρ_{dmax})＝　1.72 g/cm³
	控制指标(控制干密度)
	最大干密度×要求压实系数＝1.67 g/cm³

结论:

　　依据《土工试验方法标准》(GB/T 50123)标准,最优含水率为 18.2%,最大干密度为 1.72g/cm³,控制干密
度为1.67g/cm³

批　准	×××	审　核		试　验	×××
试验单位		××工程检测试验有限公司			
报告日期		××年×月×日			

回填土试验报告

(2015) 量认 (国) 字 (U0375) 号

	编　　号	×××
	试验编号	CL11－0059
	委托编号	2015－03180

工程名称及施工部位	××办公楼工程　基础肥槽(－2.830～－1.330m)		
委托单位	××建设集团有限公司××项目部	试验委托人	×××
要求压实系数 (λc)	0.97	回填土种类	2：8灰土
控制干密度 (ρd)	1.67g/cm³	试验日期	2015 年 2 月 27 日

点　号 项　目 步　数	1	2					
	实测干密度(g/cm³)						
	实测压实系数						
27	1.69	1.67					
	0.98	0.97					
28	1.67	1.70					
	0.97	0.99					
29	1.69	1.70					
	0.98	0.99					
30	1.67	1.69					
	0.97	0.98					
31	1.67	1.67					
	0.97	0.97					
32	1.70	1.69					
	0.99	0.98					
33	1.70	1.69					
	0.99	0.98					
34	1.67	1.70					
	0.97	0.99					
35	1.69	1.70					
	0.98	0.99					
36	1.67	1.69					
	0.97	0.98					

取样位置简图:(附)

　　见附图

结论:

　　该 2：8 灰土符合设计要求

批　准	×××	审　核	×××	试　验	×××
试验单位	××工程检测试验有限公司				
报告日期	2015 年 3 月 7 日				

一册在手　表格全有　贴近现场　资料无忧

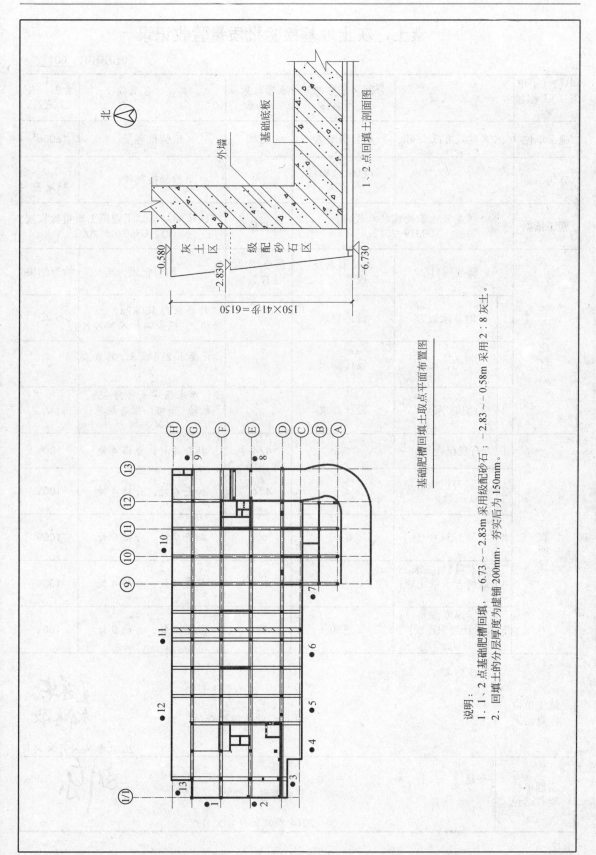

基础肥槽回填土取点平面布置图

说明：
1. 1、2 点基础肥槽回填，－6.73～－2.83m 采用级配砂石；－2.83～－0.58m 采用 2：8 灰土。
2. 回填土的分层虚铺厚度为虚铺 200mm，夯实后为 150mm。

1、2 点回填土剖面图

基础底板

外墙

灰土区

级配砂石区

北

素土、灰土地基检验批质量验收记录

01010101 ___001___

单位（子单位）工程名称	×× 大厦	分部（子分部）工程名称	地基与基础/地基	分项工程名称	素土、灰土地基
施工单位	××建筑有限公司	项目负责人	赵斌	检验批容量	1600m²
分包单位	/	分包单位项目负责人	/	检验批部位	1～7/A～C轴地基
施工依据	《建筑地基处理技术规范》JGJ79-2012		验收依据	《建筑地基基础工程施工质量验收规范》GB50202-2002	

		验收项目	设计要求及规范规定	最小/实际抽样数量	检查记录	检查结果
主控项目	1	地基承载力	设计要求	/	设计要求为180KPa，试验合格，报告编号××××	√
	2	配合比	设计要求	/	设计要求2:8灰土，符合要求	√
	3	压实系数	设计要求	/	设计要求压实系数为95%，检验 合格，报告编号××××	√
一般项目	1	石灰粒径(mm)	≤5	4/4	抽查4处，合格4处	100%
	2	土料有机质含量(%)	≤5	4/4	抽查4处，合格4处	100%
	3	土颗粒粒径(mm)	≤15	9/9	抽查9处，合格9处	100%
	4	含水量(与要求的最优含水量比较)(%)	±2	4/4	抽查4处，合格4处	100%
	5	分层厚度偏差(与设计要求比较)(mm)	±50	9/9	抽查9处，合格9处	100%
施工单位检查结果	符合要求 专业工长： 项目专业质量检查员： 2014 年××月××日					
监理单位验收结论	合格 专业监理工程师： 2014 年××月××日					

《素土、灰土地基检验批质量验收记录》填写说明

1. 填写依据

(1)《建筑地基基础工程施工质量验收规范》GB 50202—2002。

(2)《建筑工程施工质量验收统一标准》GB 50300—2013。

2. 规范摘要

(1)一般规定

1)建筑物的地基施工应具备下述资料：

①岩土工程勘察资料

②临近建筑物和地下设施类型、分布及结构质量情况。

③工程设计图纸、设计要求及需达到的标准,检验手段。

2)砂、石子、水泥、钢材、石灰、粉煤灰等原材料的质量、检验项目、批量和检验方法,应符合国家现行标准的规定。

3)地基施工结束,宜在一个间歇期后,进行质量验收,间歇期由设计确定。

4)地基加固工程,应在正式施工前进行试验段施工,论证设定的施工参数及加固效果。为验证加固效果所进行的载荷试验,其施加载荷应不低于设计载荷的 2 倍。

5)对灰土地基、砂和砂石地基、土工合成材料地基、粉煤灰地基、强夯地基、注浆地基、预压地基,其竣工后的结果(地基强度或承载力)必须达到设计要求的标准。检验数量,每单位工程不应少于 3 点,1000m² 以上工程,每 100m² 至少应有 1 点,3000m² 以上工程,每 300m² 至少应有 1 点。每一独立基础下至少应有 1 点,基槽每 20 延米应有 1 点。

6)对水泥土搅拌桩复合地基、高压喷射注浆桩复合地基、砂桩地基、振冲桩复合地基、土和灰土挤密桩复合地基、水泥粉煤灰碎石桩复合地基及夯实水泥土桩复合地基,其承载力检验,数量为总数的 0.5%～1%,但不应少于 3 处。有单桩强度检验要求时,数量为总数的 0.5%～1%,但不应少于 3 根。

7)除第 4.1.5、4.1.6 条指定的主控项目外,其他主控项目及一般项目可随意抽查,但复合地基中的水泥土搅拌桩、高压喷射注浆桩、振冲桩、土和灰土挤密桩、水泥粉煤灰碎石桩及夯实水泥土桩至少应抽查 20%。

注:5)、6)均为强制性条文,必须严格执行。

(2)灰土地基

1)灰土土料、石灰或水泥(当水泥替代灰土中的石灰时)等材料及配合比应符合设计要求,灰土应搅拌均匀。

2)施工过程中应检查分层铺设的厚度、分段施工时上下两层的搭接长度、夯实时加水量、夯压遍数、压实系数。

3)施工结束后,应检验灰土地基的承载力。

4)灰土地基的质量验收标准应符合表 2-1 的规定。

表 2-1 灰土地基质量检验标准

项	序	检查项目	允许偏差或允许值		检查方法
			单位	数值	
主控项目	1	地基承载力	设计要求		按规定方法
	2	配合比	设计要求		按拌和时的体积比
	3	压实系数	设计要求		现场实测
一般项目	1	石灰粒径	mm	≤5	筛分法
	2	土料有机质含量	%	≤5	试验室焙烧法
	3	土颗粒粒径	mm	≤15	筛分法
	4	含水量(与要求的最优含水量比较)	%	±2	烘干法
	5	分层厚度偏差(与设计要求比较)	mm	±50	水准仪

(3)不抽样项目

1)地基承载力

2)配合比

2.2　砂和砂石地基

2.2.1　砂和砂石地基工程资料列表

(1)施工技术资料

砂和砂石地基工程技术交底记录

(2)施工物资资料

1)工程物资进场报验表

2)材料、构配件进场检验记录

3)砂、石试验报告

(3)施工记录

1)地基隐蔽工程验收记录

2)测量放线记录

3)砂石地基施工记录

(4)施工试验记录及检测报告

1)地基承载力检验报告

2)土工击实试验报告

3)回填土试验报告

4)配合比试验记录

(5)施工质量验收记录

1)砂和砂石地基工程检验批质量验收记录表

2)砂和砂石地基分项工程质量验收记录表

2.2.2 砂和砂石地基工程资料填写范例

<table>
<tr>
<td colspan="2" rowspan="2" style="text-align:center">隐蔽工程检查记录</td>
<td style="text-align:center">编 号</td>
<td style="text-align:center">×××</td>
</tr>
<tr>
<td colspan="2"></td>
</tr>
<tr>
<td style="text-align:center">工程名称</td>
<td colspan="3" style="text-align:center">××工程</td>
</tr>
<tr>
<td style="text-align:center">隐检项目</td>
<td style="text-align:center">地基及基础处理(砂和砂石地基)</td>
<td style="text-align:center">隐检日期</td>
<td style="text-align:center">2015 年×月×日</td>
</tr>
<tr>
<td style="text-align:center">隐检部位</td>
<td colspan="3" style="text-align:center">基础①~⑳/Ⓐ~Ⓗ 轴线 —6.50m 标高</td>
</tr>
</table>

隐检依据:施工图图号　　结施1、结施3、地质勘察报告 2015-0093　　,设计变更/洽商(编号 ／)及有关国家现行标准等。

主要材料名称及规格/型号:　　中砂 20~40mm 碎石　　。

隐检内容:

　　1.根据施工图纸要求,基槽土层已挖至—6.500m。砂石在摊铺灰土前,经钎探检查,地质情况符合勘察报告,没有出现地下水。

　　2.槽底清理:清除槽内浮土、积水和泥浆,坑(槽)边坡稳定。

　　3.基底轴线尺寸。

申报人:×××

检查意见:

　　经检查,基底标高符合设计要求,清槽工作到位,同意进行下道工序。

检查结论:　☑同意隐蔽　　□不同意,修改后进行复查

复查结论:

复查人:　　　　　　　　　　　　　　　　复查日期:

<table>
<tr>
<td rowspan="3" style="text-align:center">签字栏</td>
<td rowspan="3" style="text-align:center">建设(监理)单位</td>
<td style="text-align:center">施工单位</td>
<td colspan="2" style="text-align:center">××建设工程有限公司</td>
</tr>
<tr>
<td style="text-align:center">专业技术负责人</td>
<td style="text-align:center">专业质检员</td>
<td style="text-align:center">专业工长</td>
</tr>
<tr>
<td style="text-align:center">×××</td>
<td style="text-align:center">×××</td>
<td style="text-align:center">×××</td>
</tr>
</table>

本表由施工单位填写,建设单位、施工单位、城建档案馆各保存一份。

左侧竖排文字:一册在手 表格全有 贴近现场 资料无忧

砂试验报告

委托单位:××建设集团有限公司　　　　　　　　　　　　　试验编号:×××

工程名称	××办公楼工程			委托日期	2015 年 6 月 15 日	
砂种类	中砂			报告日期	2015 年 6 月 19 日	
产　　地	××砂石厂	代表批量	600t	检验类别	委托	
检验项目	标准要求	实测结果	检验项目	标准要求	实测结果	
表观密度 kg/m³	—	—	石粉含量%	—	—	
堆积密度 kg/m³	—	—	氯盐含量%	—	—	
紧密密度 kg/m³	—	—	含水率%	—	—	
含泥量%	<3.0	1.4	吸水率%	—	—	
泥块含量%	<1.0	0.6	云母含量%	—	—	
硫酸盐 硫化物%	—	—	空隙率%	—	—	
轻物质含量%	—	—	坚固性	—	—	
			碱活性	—	—	

筛孔尺寸 mm	5.00	2.50	1.25	0.630	0.315	0.160	筛分结果	细度模数
标准下限%	0	0	10	41	70	90		2.5
标准上限%	10	25	50	70	92	100		级配区属
实测结果%	3	13	28	54	80	96		Ⅱ

依据标准:

《普通混凝土用砂、石质量及检验方法标准》(JGJ 52—2006)

检验结论:

含泥量、泥块含量指标合格本试样按细度模数分属中砂,其级配属二区可用于浇筑 C30 及 C30 以上的混凝土

备　注:

试验单位:××检测中心　　技术负责人:×××　　审核:×××　　试(检)验:×××

《砂试验报告》填写说明

砂子试验报告是为保证建筑工程质量,对用于工程中的砂子的筛分以及含泥量、泥块含量等指标进行测试后由试验单位出具的质量证明文件。

1. 责任部门

供货单位提供产品合格证,物理性能检验报告及建筑材料放射性指标检验报告,由项目材料员负责收集。复试报告由试验单位提供,由项目试验员负责收集,项目资料员负责汇总整理。

2. 提交时限

复试报告在正式使用前提交,试验时间 3d 左右。

3. 检查要点

(1)材料进场时,供货单位应提供产品合格证、物理性能检验报告及建筑材料放射性指标检验报告。

(2)砂进场,项目应及时进行外观检查、核对进场数量,由项目材料部门在质量证明文件上注明:进场日期、进场数量和使用部位。

(3)质量证明文件各项内容填写齐全,不得漏填或随意涂改。

(4)公章及复印件要求:质量证明文件应具有生产单位、材料供应单位公章。复印件应加盖原件存放单位红章、具有经办人签字和经办日期。

"结论"栏如果普通混凝土用砂,应写符合《普通混凝土用砂、石质量及检验方法标准》(JGJ 52—2006)。

(5)按规定应预防碱—骨料反应的工程或结构部位所使用的砂,供应单位应提供砂的碱活性检验报告。应用于Ⅱ、Ⅲ类混凝土结构工程的骨料每年均应进行碱活性检验。

(6)出厂质量证明文件与进场外观检查合格后,用于混凝土、砌体结构工程用砂必须按照有关规定的批量送检复试,复试合格后方可在工程中使用。做到先复试后使用,严禁先施工后复试。

4. 相关要求

(1)普通混凝土所用的粗、细骨料的质量应符合国家现行标准《普通混凝土用砂、石质量及检验方法标准》(JGJ 52—2006)的规定。砂、石使用前应按规定取样复试,有试验报告。按规定应预防碱—集料反应的工程或结构部位所使用的砂、石,供应单位应提供砂、石的碱活性检验报告。检查数量:按进场的批次和产品的抽样检验方案确定。检验方法:检验进场复试报告。

(2)砂浆用砂不得含有有害杂物。砂浆用砂的含泥量应满足下列要求。

1)对水泥砂浆和水泥混合砂浆,不应超过 5%。

2)人工砂、山砂及特细砂,应经试配能满足砌筑砂浆技术条件要求。

(3)对于长期处于潮湿环境的重要混凝土结构所用的砂、石,应进行碱活性检验。

5. 技术要求

(1)颗粒级配。

砂的颗粒级配应符合表 2-2 的规定。

表 2-2　　　　　　　　　　　　　　　　　颗粒级配

砂的分类	天然砂			机制砂		
级配区	1 区	2 区	3 区	1 区	2 区	3 区
方筛孔	累计筛余/%					
4.75mm	10～0	10～0	10～0	10～0	10～0	10～0
2.36mm	35～5	25～0	15～0	35～5	25～0	15～0
1.18mm	65～35	50～10	25～0	65～35	50～10	25～0
600μm	85～71	70～41	40～16	85～71	70～41	40～16
300μm	95～80	92～70	85～55	95～80	92～70	85～55
150μm	100～90	100～90	100～90	97～85	94～80	94～75

表 2-3　　　　　　　　　　　　　　　　　级配类别

类别	Ⅰ	Ⅱ	Ⅲ
级配区	2 区	1、2、3 区	

注：1. 砂的实际颗粒级配与表中所列数字相比，除 4.75mm 和 600μm 筛档外，可以略有超出，但超出总量应小于 5%。

　　2. Ⅰ区人工砂中 150μm 筛孔的累计筛余可以放宽到 100～85，Ⅱ区人工砂中 150μm 筛孔的累计筛余可以放宽到 100～80，Ⅲ区人工砂中 150μm 筛孔的累计筛余可以放宽到 100～75。

（2）含泥量、石粉含量和泥块含量。

1）天然砂含泥量、石粉含量和泥块含量应符合 2-4 的规定。

表 2-4　　　　　　　　　　　天然砂含泥量和泥块含量

项　目	指　标		
	Ⅰ 类	Ⅱ 类	Ⅲ 类
含泥量（按质量计）/（%）	≤1.0	≤3.0	≤5.0
泥块含量（按质量计）/（%）	0	≤1.0	≤2.0

2）机制砂 MB 值≤1.4 或快速法试验合格时，石粉含量和泥块含量应符合表 2-5 的规定；机制砂 MB 值>1.4 或快速法试验不合格时，石粉含量和泥块含量应符合表 2-5 的规定。

表 2-5　　　　　　　石粉含量和泥块含量（MB 值≤1.4 或快速法试验合格）

类别	Ⅰ	Ⅱ	Ⅲ
MB 值	≤0.5	≤1.0	≤1.4 或合格
石粉含量（按质量）/%ª	≤10.0		
泥块含量（按质量计）/%	0≤	1.0	≤2.0

a 此指标根据使用地区和用途，经试验验证，可由供需双方协商确定。

（3）坚固性。

1）天然砂采用硫酸钠溶液法进行试验，砂样经 5 次循环后其质量损失应符合表 2-6 的规定。

表 2-6　　　　　　　　　　　　　　　坚固性指标

项目	指标		
	Ⅰ类	Ⅱ类	Ⅲ类
质量损失,(%)	≤8	≤8	≤10

2)人工砂采用压碎指标法进行试验,压碎指标值应小于表 2-7 的规定。

表 2-7　　　　　　　　　　　　　　　压碎指标

项目	指标		
	Ⅰ类	Ⅱ类	Ⅲ类
单级最大压碎指标,(%)	≤20	≤25	≤30

　　(4)砂表观密度、堆积密度、空隙率应符合如下规定:表观密度不小于 2500kg/m³;松散堆积密度不小于 1400kg/m³;空隙率小于 44%。

　　(5)经碱—骨料反应试验后,由砂制备的试件无裂缝、酥裂、胶体外溢等现象,在规定的试验龄期膨胀率小于 0.10%。

碎(卵)石试验报告

委托单位:××建设集团有限公司　　　　　　　　　　　　试验编号:×××

工程名称	××工程					委托日期	2015 年 4 月 27 日			
石子种类	碎石					报告日期	2015 年 5 月 1 日			
产　地	××砂石厂		代表批量		600t	检验类别	委托			
检验项目	标准要求		实测结果		检验项目		标准要求		实测结果	
表观密度 kg/m³	—		—		有机物含量		—		—	
堆积密度 kg/m³	—		—		坚固性		—		—	
紧密密度 kg/m³	—		—		岩石强度 MPa		—		—	
含泥量%	<2.0		0.6		压碎指标%		<16		8	
泥块含量%	<0.7		0.2		SO₃含量%		—		—	
吸水率	—		—		碱活性		—		—	
针片状含量%	<25		4.3		空隙率%		—		—	

筛孔尺寸 mm	90	75.0	63.0	53.0	37.5	31.5	26.5	19.0	16.0	9.50	4.75	2.36
标准下限%	—	—	—	—	—	0	0		30	—	90	95
标准上限%	—	—	—	—	—	0	5	70	—	—	100	100
实测结果%	—	—	—	—	—	0	2	—	50	—	94	98

依据标准:《普通混凝土用砂、石质量及检验方法标准》(JGJ 52－2006)

检验结论:
　　依据 JGJ 52－2006 标准,含泥量、泥块含量、泥块含量、针、片、状颗粒含量指标合格。
　　级配符合 5～25mm 连续粒级的要求。

备　注:

试验单位:××检测中心　　技术负责人:×××　　审核:×××　　试(检)验:×××

《碎(卵)石试验报告》填写说明

石子试验报告是为保证建筑工程质量,对用于工程中的石子的筛分以及含泥量、泥块含量、针片状含量、压碎指标等指标进行测试后由试验单位出具的质量证明文件。

1. 责任部门

供货单位提供产品合格证,物理性能检验报告及建筑材料放射性指标检验报告。出厂合格证,检验报告应由项目材料员负责收集。复试报告由试验单位提供,由项目试验员负责收集,项目资料员负责汇总整理。

2. 提交时限

复试报告在正式使用前提交,试验时间3d左右。

3. 检查要点

材料进场时,供货单位应提供产品合格证、物理性能检验报告及建筑材料放射性指标检验报告。

(1)试验报告中的检验项目,除必试项目外,对于长期处于潮湿环境的重要混凝土结构用石,应进行碱活性检验;对于重要工程及特殊工程、应根据工程要求增加检测项目。

(2)检查试验报告产品种类、产地、公称粒径、筛分析、含泥量、试验编号等是否和混凝土(砂浆)配合比申请单、通知单相应项目一致。

4. 相关要求

(1)卵石和碎石的颗粒级配应符合表2-8的规定。

表 2-8　　　　　　颗 粒 级 配

公称粒级 mm		累计筛余/%											
		方孔筛/mm											
		2.36	4.75	9.50	16.0	19.0	26.5	31.5	37.5	53.0	63.0	75.0	90
连续粒级	5~16	95~100	85~100	30~60	0~10	0							
	5~20	95~100	90~100	40~80	—	0~10	0						
	5~25	95~100	90~100	—	30~70		0~5	0					
	5~31.5	95~100	90~100	70~90	—	15~45	—	0~5	0				
	5~40	—	95~100	70~90		30~65	—		0~5	0			
单粒粒级	5~10		95~100	80~100	0~15	0							
	10~16		95~100	80~100	0~15	0							
	10~20		95~100	85~100		0~15	0						
	16~25			95~100	85~70	25~40	0~10						
	16~31.5		95~100		85~100			0~10	0				
	20~40				95~100		85~100		0~10	0			
	40~80					95~100			70~100		30~60	0~10	0

（2）卵石、碎石的含泥量和泥块含量应符合表 2-9 的规定。

表 2-9　　　　　　　　　　　　　含泥量和泥块含量

项　目	指　标		
	Ⅰ类	Ⅱ类	Ⅲ类
含泥量（按质量计）/（%）	≤0.5	≤1.0	≤1.5
泥块含量（按质量计）/（%）	0	≤0.2	≤0.5

（3）卵石和碎石的针片状颗粒含量应符合表 2-10 的规定。

表 2-10　　　　　　　　　　　　针、片状颗粒含量

项　目	指　标		
	Ⅰ类	Ⅱ类	Ⅲ类
针、片状颗粒（按质量计）/（%）	≤5	≤10	≤15

（4）有害物质：卵石和碎石中不应混有草根、树叶、树枝、塑料、煤块和炉渣等杂物。其有害物质含量应符合表 2-11 的规定。

表 2-11　　　　　　　　　　　　　有害物质含量

项　目	指　标		
	Ⅰ类	Ⅱ类	Ⅲ类
有机物	合格	合格	合格
硫化物及硫酸盐（按 SO_3 质量计）/（%）	≤0.5	≤1.0	≤1.0

（5）压碎指标值应小于表的 2-12 规定。

表 2-12　　　　　　　　　　　　　压　碎　指　标

项　目	指　标		
	Ⅰ类	Ⅱ类	Ⅲ类
碎石压碎指标（%）	≤10	≤20	≤30
卵石压碎指标（%）	≤12	≤14	≤16

（6）表观密度、堆积密度、空隙率应符合如下规定：表观密度大于 $2600kg/m^3$；松散堆积密度大于 $1350kg/m^3$；空隙率小于 47%。

（7）经碱—骨料反应试验后，由卵石、碎石制备的试件无裂缝、酥裂、胶体外溢等现象。在规定的试验龄期的膨胀率应小于 0.10%。

砂和砂石地基检验批质量验收记录

01010201___001___

单位(子单位)工程名称	××大厦	分部(子分部)工程名称	地基与基础/地基	分项工程名称	砂和砂石地基
施工单位	××建筑有限公司	项目负责人	赵斌	检验批容量	1600m²
分包单位	/	分包单位项目负责人	/	检验批部位	1～7/A～C 轴地基
施工依据	《建筑地基处理技术规范》JGJ79-2012		验收依据	《建筑地基基础工程施工质量验收 规范》GB50202-2002	

		验收项目	设计要求及规范规定	最小/实际抽样数量	检查记录	检查结果
主控项目	1	地基承载力	设计要求	/	试验合格,报告编号××××	✓
	2	配合比	设计要求	/	砂石地基配合比符合设计要求	✓
	3	压实系数	设计要求	/	检验合格,报告编号××××	✓
一般项目	1	砂、石料有机质含量(%)	≤5	/	抽查16处,合格16处	100%
	2	砂、石料含泥量(%)	≤5	/	抽查16处,合格16处	100%
	3	石料粒径(mm)	≤100	/	抽查16处,合格16处	100%
	4	含水量(与最优含水量比较)(%)	±2	/	抽查16处,合格15处	93.8%
	5	分层厚度(与设计要求比较)(mm)	±50	/	抽查16处,合格16处	100%

施工单位检查结果	符合要求 专业工长: 项目专业质量检查员: 2014 年××月××日
监理单位验收结论	合格 专业监理工程师: 2014 年××月××日

《砂和砂石地基检验批质量验收记录》填写说明

1. 填写依据

(1)《建筑地基基础工程施工质量验收规范》GB 50202－2002。

(2)《建筑工程施工质量验收统一标准》GB 50300－2013。

2. 规范摘要

以下内容摘录自《建筑地基基础工程施工质量验收规范》GB 50202－2002。

验收要求

(1)一般规定

参见"素土、灰土地基检验批质量验收记录"验收要求的相关内容。

(2) 砂和砂石地基

1)砂、石等原材料质量、配合比应符合设计要求,砂、石应搅拌均匀。

2)施工过程中必须检查分层厚度、分段施工时搭接部分的压实情况、加水量、压实遍数、压实系数。

3)施工结束后,应检验砂石地基的承载力。

4)砂和砂石地基的质量验收标准应符合表 2-13 的规定。

表 2-13　　　　　　　　　　　　砂及砂石地基质量检验标准

项	序	检查项目	允许偏差或允许值		检查方法
			单位	数值	
主控项目	1	地基承载力	设计要求		按规定方法
	2	配合比	设计要求		检查拌和时的体积比或重量比
	3	压实系数	设计要求		现场实测
一般项目	1	砂石料有机质含量	%	≤5	焙烧法
	2	砂石料含泥量	%	≤5	水洗法
	3	石料粒径	mm	≤100	筛分法
	4	含水量(与最优含水量比较)	%	±2	烘干法
	5	分层厚度(与设计要求比较)	mm	±50	水准仪

2.3 土工合成材料地基

2.3.1 土工合成材料地基工程资料列表

(1)设计文件

(2)施工技术资料

土工合成材料地基技术交底记录

(3)施工物资资料

1)工程物资进场报验表

2)材料、构配件进场检验记录

3)土工合成材料(土工织物、土工膜、土工复合材、土工特种材料)产品出厂合格证

4)土工合成材料性能(按设计要求项目)检测报告

5)土工合成材料接头抽样试验报告

(4)施工记录

1)隐蔽工程验收记录

2)土工合成材料地基施工记录

(5)施工试验记录及检测报告

土工合成材料地基承载力检验报告

(6)施工质量验收记录

1)土工合成材料地基工程检验批质量验收记录表

2)土工合成材料地基分项工程质量验收记录表

2.3.2 土工合成材料地基工程资料填写范例

隐蔽工程检查记录		编　号	×××
工程名称		××工程	
隐检项目	地基及基础处理(土工合成材料地基)	隐检日期	2015 年×月×日
隐检部位	基础层　　①～⑳/①～⑭轴线		－5.800m 标高

隐检依据:施工图图号____结施 3、地质勘察报告 2015-0087____,设计变更/洽商(编号__/__)及有关国家现行标准等。

主要材料名称及规格/型号:____土工合成材料(土工织物或土工膜)____。

隐检内容:

1. 土工合成材料有产品出厂合格证、性能检验报告、接头抽样试验报告,合格;其性能指标符合设计要求。

2. 铺放土工合成材料的基层已清理平整,局部高差≤50mm。

3. 土工合成材料按其主要受力方向铺放,采用人工拉紧,没有皱折,且紧贴下承层。

4. 土工织物、土工膜的连接采用搭接法,搭接长度 400mm。

5. 土工合成材料铺放无大面积的损伤破坏。

　　　　　　　　　　　　　　　　　　　　　　　　　　　　申报人:×××

检查意见:

经检查,以上项目均符合设计要求及《建筑地基与基础工程施工质量验收规范》(GB 50202－2002)的规定。

检查结论:　　☑同意隐蔽　　□不同意,修改后进行复查

复查结论:

　　　　　　　　　　　　　　　　复查人:　　　　　　　　复查日期:

签字栏	建设(监理)单位	施工单位	××建设工程有限公司	
		专业技术负责人	专业质检员	专业工长
	×××	×××	×××	×××

本表由施工单位填写,建设单位、施工单位、城建档案馆各保存一份。

土工合成材料地基检验批质量验收记录

01010301__001__

单位（子单位）工程名称	××大厦	分部（子分部）工程名称	地基与基础/地基	分项工程名称	土工合成材料地基
施工单位	××建筑有限公司	项目负责人	赵斌	检验批容量	1600m²
分包单位	/	分包单位项目负责人	/	检验批部位	1～7/A～C轴地基
施工依据	《建筑地基处理技术规范》JGJ79-2012		验收依据	《建筑地基基础工程施工质量验收规范》GB50202-2002	

		验收项目	设计要求及规范规定	最小/实际抽样数量	检查记录	检查结果
主控项目	1	土工合成材料强度(%)	≤5	16/16	抽查16处，合格16处	√
	2	土工合成材料延伸率(%)	≤3	16/16	抽查16处，合格16处	√
	3	地基承载力	设计要求	/	现场检测合格，检测报告编号××××	√
一般项目	1	土工合成材料搭接长度(mm)	≥300	16/16	抽查16处，合格16处	100%
	2	土石料有机质含量(%)	≤5	16/16	抽查16处，合格16处	100%
	3	层面平整度(mm)	≤20	16/16	抽查16处，合格16处	100%
	4	每层铺设厚度(mm)	±25	16/16	抽查16处，合格16处	100%

施工单位检查结果	符合要求 专业工长： 项目专业质量检查员： 2014年××月××日
监理单位验收结论	合格 专业监理工程师： 2014年××月××日

一册在手 表格全有 贴近现场 资料无忧

《土工合成材料地基检验批质量验收记录》填写说明

1. 填写依据

(1)《建筑地基基础工程施工质量验收规范》GB 50202－2002。

(2)《建筑工程施工质量验收统一标准》GB 50300－2013。

2. 规范摘要

以下内容摘录自《建筑地基基础工程施工质量验收规范》GB 50202－2002。

验收要求

(1)一般规定

参见"素土、灰土地基检验批质量验收记录"验收要求的相关内容。

(2)土工合成材料地基

1)施工前应对土工合成材料的物理性能(单位面积的质量、厚度、比重)、强度、延伸率以及土、砂石料等做检验。土工合成材料以 $100m^2$ 为一批,每批应抽查 5%。

2)施工过程中应检查清基、回填料铺设厚度及平整度、土工合成材料的铺设方向、接缝搭接长度或缝接状况、土工合成材料与结构的连接状况等。

3)施工结束后,应进行承载力检验。

4)土工合成材料地基质量检验标准应符合表 2-14 的规定。

表 2-14　　　　　　　　　　土工合成材料地基质量检验标准

项	序	检查项目	允许偏差或允许值		检查方法
			单位	数值	
主控项目	1	土工合成材料强度	%	≤5	置于夹具上做拉伸试验(结果与设计标准相比)
	2	土工合成材料延伸率	%	≤3	置于夹具上做拉伸试验(结果与设计标准相比)
	3	地基承载力	设计要求		按规定方法
一般项目	1	土工合成材料搭接长度	mm	≥300	用钢尺量
	2	土石料有机质含量	%	≤5	焙烧法
	3	层面平整度	mm	≤20	用 2m 靠尺
	4	每层铺设厚度	mm	±25	水准仪

2.4 粉煤灰地基

2.4.1 粉煤灰地基工程资料列表

(1)施工技术资料

粉煤灰地基技术交底记录

(2)施工物资资料

1)工程物资进场报验表

2)材料、构配件进场检验记录

3)粉煤灰的出厂质量证明文件、复试报告

(3)施工记录

1)粉煤灰地基隐蔽工程验收记录

2)粉煤灰地基施工记录

(4)施工试验记录及检测报告

1)粉煤灰地基承载力检验报告

2)现场实测压实系数试验报告

(5)施工质量验收记录

1)粉煤灰地基工程检验批质量验收记录表

2)粉煤灰地基分项工程质量验收记录表

2.4.2　粉煤灰地基工程资料填写范例

<table>
<tr>
<td colspan="4" rowspan="2"><h2 style="text-align:center">隐蔽工程检查记录</h2></td>
<td>编　　号</td>
<td>×××</td>
</tr>
<tr>
<td colspan="2"></td>
</tr>
<tr>
<td>工程名称</td>
<td colspan="5" style="text-align:center">××工程</td>
</tr>
<tr>
<td>隐检项目</td>
<td colspan="2" style="text-align:center">地基及基础处理(粉煤灰地基)</td>
<td>隐检日期</td>
<td colspan="2">2015 年×月×日</td>
</tr>
<tr>
<td>隐检部位</td>
<td colspan="5">基础层　　①~㉕/Ⓐ~Ⓗ轴线　　−8.700m 标高</td>
</tr>
<tr>
<td colspan="6">
隐检依据:施工图图号<u>　　结施 1、结施 4、施工方案、地质勘察报告 2015－0098　　</u>,设计变更/洽商
(编号<u>　　　　/　　　　</u>)及有关国家现行标准等。
　　主要材料名称及规格/型号:<u>　Ⅱ级粉煤灰　</u>。
</td>
</tr>
<tr>
<td colspan="6">
隐检内容:
　　1. 粉煤灰有质量证明文件、复试报告,合格。
　　2. 基槽杂物已清理、基层平整、局部高差不大于 50mm,地质条件符合地质勘察报告(2015-0098)。
　　3. 每层铺筑厚度为 250mm,压实后为 150mm 左右。每层铺完检测合格后,及时铺筑上一层。
　　4. 粉煤灰地基铺设施工含水量为 20%,在最优含水量($W_{op} \pm 2\%$)范围内。
　　5. 每层现场实测压实系数均大于 0.95,见试验报告(编号:×××)。

申报人:×××　　
</td>
</tr>
<tr>
<td colspan="6">
检查意见:
　　经检查,符合设计要求及《建筑地基基础工程施工质量验收规范》(GB 50202－2002)的规定。

检查结论:　　☑同意隐蔽　　□不同意,修改后进行复查
</td>
</tr>
<tr>
<td colspan="6">
复查结论:

复查人:　　　　　　复查日期:　　　　
</td>
</tr>
<tr>
<td rowspan="3">签
字
栏</td>
<td rowspan="3">建设(监理)单位</td>
<td colspan="2">施工单位</td>
<td colspan="2">××建设工程有限公司</td>
</tr>
<tr>
<td>专业技术负责人</td>
<td colspan="2">专业质检员</td>
<td>专业工长</td>
</tr>
<tr>
<td>×××</td>
<td>×××</td>
<td colspan="2">×××</td>
<td>×××</td>
</tr>
</table>

本表由施工单位填写,建设单位、施工单位、城建档案馆各保存一份。

粉煤灰地基检验批质量验收记录

01010401 ___001___

单位(子单位)工程名称	××大厦	分部(子分部)工程名称	地基与基础/地基	分项工程名称	粉煤灰地基
施工单位	××建筑有限公司	项目负责人	赵斌	检验批容量	1600m²
分包单位	/	分包单位项目负责人	/	检验批部位	1～7/A～C轴地基
施工依据	《建筑地基处理技术规范》JGJ79-2012		验收依据	《建筑地基基础工程施工质量验收规范》GB50202-2002	

		验收项目	设计要求及规范规定	最小/实际抽样数量	检查记录	检查结果
主控项目	1	压实系数	设计要求	16/16	抽查16处,合格16处	√
	2	地基承载力	设计要求	/	检验合格,报告编号×××	√
一般项目	1	粉煤灰粒径(mm)	0.001～2.000	16/16	抽查16处,合格16处	100%
	2	氧化铝及二氧化硅含量(%)	≥70	16/16	抽查16处,合格16处	100%
	3	烧失量(%)	≤12	16/16	抽查16处,合格16处	100%
	4	每层铺筑厚度(mm)	±50	16/16	抽查16处,合格15处	93.8%
	5	含水量(与最优含水量比较)(%)	±2	16/16	抽查16处,合格16处	100%

施工单位检查结果	符合要求 专业工长:王乐兴 项目专业质量检查员:赵保取 2014年××月××日
监理单位验收结论	合格 专业监理工程师:刘东 2014年××月××日

一册在手 表格全有 贴近现场 资料无忧

《粉煤灰地基检验批质量验收记录》填写说明

1. 填写依据

(1)《建筑地基基础工程施工质量验收规范》GB 50202—2002。

(2)《建筑工程施工质量验收统一标准》GB 50300—2013。

2. 规范摘要

以下内容摘录自《建筑地基基础工程施工质量验收规范》GB 50202—2002。

验收要求

(1)一般规定

参见"素土、灰土地基检验批质量验收记录"验收要求的相关内容。

(2)粉煤灰地基

1)施工前应检查粉煤灰材料,并对基槽清底状况、地质条件予以检验。

2)施工过程中应检查铺筑厚度、碾压遍数、施工含水量控制、搭接区碾压程度、压实系数等。

3)施工结束后,应检验地基的承载力。

4)粉煤灰地基质量检验标准应符合表 2-15 的规定。

表 2-15　　　　　　　　　　　　　粉煤灰地基质量检验标准

项	序	检查项目	允许偏差或允许值		检查方法
			单位	数值	
主控项目	1	压实系数	设计要求		现场实测
	2	地基承载力	设计要求		按规定方法
一般项目	1	粉煤灰粒径	mm	0.001~2.000	过筛
	2	氧化铝及二氧化硅含量	%	≥70	试验室化学分析
	3	烧失量	%	≤12	试验室烧结法
	4	每层铺筑厚度	mm	±50	水准仪
	5	含水量(与最优含水量比较)	%	±2	取样后试验室确定

2.5 强夯地基

2.5.1 强夯地基工程资料列表

(1)勘察、设计文件

1)工程地质勘察报告、水文地质勘察报告

2)工程设计文件(包括强夯场地平面图及设计对强夯的效果要求等技术资料)

(2)施工技术资料

1)工程技术文件报审表

2)强夯施工方案,强夯试验方案

3)强夯地基工程技术交底记录

(3)施工记录

1)强夯地基试夯测试记录

2)强夯施工记录

3)强夯施工记录汇总表

(4)施工试验记录及检测报告

1)试验区原状地基土载荷或标贯、触探试验报告

2)强夯地基承载力检验报告

3)强夯地基强度检测报告

(5)施工质量验收记录

1)强夯地基工程检验批质量验收记录表

2)强夯地基分项工程质量验收记录表

2.5.2　强夯地基工程资料填写范例

强 夯 施 工 记 录

工程名称		××大厦		施工总包单位				××建设工程有限公司				
专业施工单位		××基础工程有限公司		施工日期	2015 年×月×日			锤重(t)				20
锤底直径(m)		2.6			落距(m)							10

夯区编号	夯区夯点数	起夯点标高(cm)	终夯点标高(cm)	最后两遍		各夯击区每遍夯沉量读数(cm)								总夯沉量(cm)
				夯沉量之差(cm)	夯沉量(cm)	1	2	3	4	5	6	7	8	
1—1	1	130	10	3	11	30	26	20	15	10	8	7	4	120
1—2	1	133	14	2	10	30	25	21	15	11	7	6	4	119
1—3	1	128	10	3	11	29	25	20	15	10	8	7	4	118
1—4	1	131	12	3	9	30	26	21	16	10	7	6	3	119
1—5	1	134	14	4	10	31	26	20	16	11	7	7	3	120
1—6	1	127	7	3	11	29	24	20	16	11	9	7	4	120
2—1	1	132	12	3	11	30	26	20	15	10	8	7	4	120
2—2	1	127	7	3	11	29	25	20	16	11	8	7	4	120
2—3	1	133	13	4	10	31	26	21	15	10	7	7	3	120

签字栏	建设(监理)单位	施工单位		
		质检员	施工员	施工班组长
	×××	×××	×××	×××

一册在手　表格全有　贴近现场　资料无忧

强夯施工记录汇总表

工程名称	××大厦		施工总包单位	××建设工程有限公司	
专业施工单位	××基础工程有限公司		施工日期	2015年×月×日	
设计标高 (m)	12.80(±0.000)	夯前地面标高 (m)	13.70	场地平均夯沉量(cm)	120.2
建(构)筑物名称	设备	实际强夯面积 (m²)	5000	累计平均夯能 (kN·m/m²)	377
夯锤尺寸(m)	φ2.60	夯锤重量(t)	20	起重设备	/

加固地层描述:坡积黏土厚度6m～8m

地下水类型及其水位标高:孔隙水场地地面标高以下−4.10m(详见地质勘察报告)

夯区编号	夯击面积 (m²)	夯击点数	夯击遍数 (击)	单击夯击能 (kN·m)	平均单位夯击能 (kN·m/m²)	夯区平均夯沉量 (cm)
1	31.8	6	8	2000	3019	119.3
2	31.8	6	8	2000	3019	119.7
3	31.8	6	8	2000	3019	120.1
4	31.8	6	8	2000	3019	120.3
5	31.8	6	8	2000	3019	119.8
6	31.8	6	8	2000	3019	119.9
7	31.8	6	8	2000	3019	120.4
8	31.8	6	8	2000	3019	120.1
9	31.8	6	8	2000	3019	120.3
...						
满夯	5000	1000	2	800	320	2

签字栏	建设(监理)单位	施工单位		
		质检员	施工员	施工班组长
	×××	×××	×××	×××

一册在手　表格全有　贴近现场　资料无忧

强夯地基检验批质量验收记录

01010501　001

单位（子单位）工程名称	××大厦	分部（子分部）工程名称	地基与基础/地基	分项工程名称	强夯地基
施工单位	××建筑有限公司	项目负责人	赵斌	检验批容量	1600m²
分包单位	/	分包单位项目负责人	/	检验批部位	1～7/A～C轴地基
施工依据	《建筑地基处理技术规范》JGJ79-2012		验收依据	《建筑地基基础工程施工质量验收规范》GB50202-2002	

		验收项目	设计要求及规范规定	最小/实际抽样数量	检查记录	检查结果
主控项目	1	地基强度	设计要求	/	检验合格,报告编号××××	√
	2	地基承载力	设计要求	/	试验合格,报告编号××××	√
一般项目	1	夯锤落距(mm)	±300	16/16	抽查16处,合格16处	100%
	2	锤重(kg)	±100	16/16	抽查16处,合格16处	100%
	3	夯击遍数及顺序	设计要求	16/16	抽查16处,合格16处	100%
	4	夯点间距(mm)	±500	16/16	抽查16处,合格16处	100%
	5	夯击范围(超出基础范围距离)	设计要求	16/16	抽查16处,合格16处	100%
	6	前后两遍间歇时间	设计要求	/	经检查,符合设计要求,施工记录编号××××	√

施工单位检查结果	符合要求 专业工长： 项目专业质量检查员： 2014 年××月××日
监理单位验收结论	合格 专业监理工程师： 2014 年××月××日

一册在手　表格全有　贴近现场　资料无忧

《强夯地基检验批质量验收记录》填写说明

1. 填写依据

(1)《建筑地基基础工程施工质量验收规范》GB 50202－2002。

(2)《建筑工程施工质量验收统一标准》GB 50300－2013。

2. 规范摘要

以下内容摘录自《建筑地基基础工程施工质量验收规范》GB 50202－2002。

验收要求

(1)一般规定

参见"素土、灰土地基检验批质量验收记录"验收要求的相关内容。

(2)强夯地基

1)施工前应检查夯锤重量、尺寸,落距控制手段,排水设施及被夯地基的土质。

2)施工中应检查落距、夯击遍数、夯点位置、夯击范围。

3)施工结束后,检查被夯地基的强度并进行承载力检验。

4)强夯地基质量检验标准应符合表 2-16 的规定。

表 2-16　　　　　　　　　　强夯地基质量检验标准

项	序	检查项目	允许偏差或允许值		检查方法
			单位	数值	
主控项目	1	地基强度	设计要求		按规定方法
	2	地基承载力	设计要求		按规定方法
一般项目	1	夯锤落距	mm	±300	钢索设标志
	2	锤重	kg	±100	称重
	3	夯击遍数及顺序	设计要求		计数法
	4	夯点间距	mm	±500	用钢尺量
	5	夯击范围(超出基础范围距离)	设计要求		用钢尺量
	6	前后两遍间歇时间	设计要求		

2.6　注浆地基

2.6.1　注浆地基工程资料列表

(1)勘察、测绘、设计文件

1)岩土工程勘察资料

2)注浆加固设计文件及图纸、施工现场平面图

3)控制桩点的测量资料

(2)施工技术资料

1)工程技术文件报审表

2)注浆地基施工方案(包括注浆材料、注浆机械及配套设备、施工工艺及注浆参数、注浆效果及质量指标、注浆效果评估方法和检测手段等)

3)注浆地基工程技术交底记录

(3)施工物资资料

1)工程物资进场报验表

2)材料、构配件进场检验记录

3)水泥产品合格证、出厂检验报告、进场试验报告

4)注浆用砂试验报告

5)注浆用黏土试验报告

6)粉煤灰质量证明文件、试验报告

7)其他化学浆液产品合格证

(4)施工记录

1)注浆地基隐蔽工程验收记录

2)计量装置检查记录

3)注浆材料称量检查记录

(5)施工试验记录及检测报告

1)浆液配合比试验记录

2)现场试注浆试验报告

3)注浆体强度试验报告

4)地基承载力检验报告

(6)施工质量验收记录

1)注浆地基工程检验批质量验收记录表

2)注浆地基分项工程质量验收记录表

2.6.2 注浆地基工程资料填写范例

冀统化表 Z22Y

××省水泥协会制　　　　　　　　　No.0000886

版权所有翻版必究

出厂水泥合格证

产品名称：__普通水泥__　　商　标：_____燕山_____

代　　号：__P·O__　　强度等级：_____42.5_____

出厂编号：__0406__　　生产许可证号：__XK23－201－06358__

包装日期：__2015.4.12__　　是否"掺火山灰"（　否　）

本产品经检验符合 GB 175－2007 标准,确认为合格品。

签　发：__×××_____

企业名称(盖章)：_____

地　址：××省唐山市××区

2015 年 4 月 19 日

冀统化表 Z21Y

××省水泥协会制

版权所有翻版必究

No. 0052763

(燕山)牌水泥检验报告单

填报日期:2015 年 4 月 19 日

购货单位:×××

补报日期:2015 年 5 月 18 日

出厂编号	0406	产品名称	普通硅酸盐水泥(P·O)	水泥出厂日期
窑　型	旋窑(立窑)	强度等级	42.5	2015 年 4 月 19 日

技　术　指　标						
项　目		标　准	实　际	项　目	标　准	实　际
细度(80μm)		≯10.0%	3.0	烧 失 量	≯5.0%	3.08
凝结时间	初　凝	≮45min	3:35	碱 含 量	≯0.60%	
	终　凝	≯10h	4:39	项　目	名　称	掺加量(%)
安 定 性		沸煮法合格	合　格	水泥中混合材掺加量	矿渣	12.8
氧化镁(水泥中)		≯5.0%	3.37		石膏	3.2
三氧化硫		≯3.5%	1.93			
强度 MPa (1:3胶砂)	抗压	3 天	11.0	17.2	单块值	
		28 天	42.5	42.9		
	抗折	3 天	2.5	3.7	单块值	
		28 天	5.5	7.6		
备注	本产品经检验各项技术指标均符合 GB175—2007 标准,确认为合格品。					

批准:×××　　　　审核:×××　　　　填表:×××

一册在手　表格全有　贴近现场　资料无忧

单位编号:00423

IMA 有见证试验 水泥试验报告 CNAL No.L1973 (2015)量认(国)		资料编号	×××		
		试验编号	SN10－0074		
		委托编号	2015－06735		
工程名称	××办公楼工程　地下室砌体结构	试样编号	水泥－001		
委托单位	××建设集团有限公司 ××项目部	试验委托人	×××		
品种及 强度等级	P·O 42.5	出厂编号 及日期	0406 2015年4月19日	厂别牌号	唐山丰润水泥厂 燕山
代表数量	200t	来样日期	2015年4月21日	试验日期	2015年4月22日

试 验 结 果	一、细度	1.80μm 方孔筛 余量(%)	/					
		2.比表面积(m²/kg)	/					
	二、标准稠度用 水量(P)(%)		25.6					
	三、凝结时间	初凝	2h37min		终凝	3h4min		
	四、安定性	雷氏法	/ mm		饼法	合格		
	五、其他		/					
	六、强度(MPa)							

	抗折强度				抗压强度			
	3 天		28 天		3 天		28 天	
	单块值	平均值	单块值	平均值	单块值	平均值	单块值	平均值
	4.0		8.2		17.2		45.8	
					17.3		46.2	
	3.8	3.8	7.3	8.1	17.5	17.5	46.4	46.4
					17.8		45.3	
	3.7		8.9		17.6		47.7	
					17.6		46.8	

结论:
　　依据 GB 175－2007/XG1－2009 标准,所检项目符合 P·O 42.5 水泥的要求。

批　准	×××	审　核	×××		×××
试验单位	××工程检测试验有限公司				
报告日期	2015年5月20日				

本表由检测机构提供。

注浆地基检验批质量验收记录

01010601　001

单位（子单位）工程名称			××大厦		分部（子分部）工程名称	地基与基础/地基	分项工程名称	注浆地基
施工单位			××建筑有限公司		项目负责人	赵斌	检验批容量	600m²
分包单位			/		分包单位项目负责人	/	检验批部位	1～7/A～C轴地基
施工依据			《建筑地基处理技术规范》JGJ79-2012		验收依据	《建筑地基基础工程施工质量验收规范》GB50202-2002		

		验收项目		设计要求及规范规定	最小/实际抽样数量	检查记录	检查结果
主控项目	1 原材料检验		水泥	设计要求	/	检验合格，报告编号××××	√
		注浆用砂	粒径(mm)	<2.5	/	检验合格，报告编号××××	√
			细度模数(%)	<2.0	/	检验合格，报告编号××××	√
			含泥量及有机物含量(%)	<3	/	检验合格，报告编号××××	√
		注浆用粘土	塑性指数	>14	/	检验合格，报告编号××××	√
			粘粒含量(%)	>25	/	检验合格，报告编号××××	√
			含砂量(%)	<5	/	检验合格，报告编号××××	√
			有机物含量(%)	<3	/	检验合格，报告编号××××	√
		粉煤灰	细度	不粗于同时使用的水泥	/	试验合格，报告编号××××	√
			烧失量(%)	<3%	/	检验合格，报告编号××××	√
		水玻璃：模数		2.5～3.3	/	检验合格，报告编号××××	√
		其他化学浆液		设计要求	/	检验合格，报告编号××××	√
	2	注浆体强度		设计要求	/	检验合格，报告编号××××	√
	3	地基承载力		设计要求	/	检验合格，报告编号××××	√
一般项目	1	各种注浆材料称量误差(%)		<3	16/16	抽查16处，合格16处	100%
	2	注浆孔位(mm)		±20	16/16	抽查16处，合格16处	100%
	3	注浆孔深(mm)		±100	16/16	抽查16处，合格16处	100%
	4	注浆压力(与设计参数比)(%)		±10	16/16	抽查16处，合格16处	100%
施工单位检查结果		符合要求　　专业工长：项目专业质量检查员： 2014 年××月××日					
监理单位验收结论		合格　　专业监理工程师： 2014 年××月××日					

一册在手　表格全有　贴近现场　资料无忧

《注浆地基检验批质量验收记录》填写说明

1. 填写依据

(1)《建筑地基基础工程施工质量验收规范》GB 50202—2002。

(2)《建筑工程施工质量验收统一标准》GB 50300—2013。

2. 规范摘要

以下内容摘录自《建筑地基基础工程施工质量验收规范》GB 50202—2002。

验收要求

(1)一般规定

参见"素土、灰土地基检验批质量验收记录"验收要求的相关内容。

(2)注浆地基

1)施工前应掌握有关技术文件(注浆点位置、浆液配比、注浆施工技术参数、检测要求等)。浆液组成材料的性能应符合设计要求,注浆设备应确保正常运转。

2)施工中应经常抽查浆液的配比及主要性能指标,注浆的顺序、注浆过程中的压力控制等。

3)施工结束后,应检查注浆体强度、承载力等。检查孔数为总量的 2%～5%,不合格率大于或等于 20%时应进行二次注浆。检验应在注浆后 15d(砂土、黄土)或 60d(黏性土)进行。

4)注浆地基的质量检验标准应符合表 2-17 的规定。

表 2-17　　　　　　　　　　　　　注浆地基质量检验标准

项	序	检查项目		允许偏差或允许值		检查方法
				单位	数值	
主控项目	1	原材料检验	水泥	设计要求		查产品合格证书或抽样送检
			注浆用砂 粒径	mm	<2.5	试验室试验
			注浆用砂 细度模数		<2.0	
			注浆用砂 含泥量及有机物含量	%	<3	
			注浆用粘土 塑性指数		>14	试验室试验
			注浆用粘土 粘粒含量	%	>25	
			注浆用粘土 含砂量	%	<5	
			注浆用粘土 有机物含量	%	<3	
			粉煤灰 细度	不粗于同时使用的水泥		试验室试验
			粉煤灰 烧失量	%	<3	
			水玻璃:模数	2.5～3.3		抽样送检
			其他化学浆液	设计要求		查产品合格证书或抽样送检
	2	注浆体强度		设计要求		取样检验
	3	地基承载力		设计要求		按规定方法
一般项目	1	各种注浆材料称量误差		%	<3	抽查
	2	注浆孔位		mm	±20	用钢尺量
	3	注浆孔深		mm	±100	量测注浆管长度
	4	注浆压力(与设计参数比)		%	±10	检查压力表读数

2.7　预压地基

2.7.1　预压地基工程资料列表

(1)真空预压加固地基

1)勘察、测绘、设计文件

①岩土工程勘察资料

②真空预压加固设计文件及图纸、施工现场平面布置图

③施工前工艺设计(包括管网平面布置,排水管泵及电器线路布置,真空度探头位置、沉降观测点布置以及有特殊要求的其他设施的布置等)

④桩点测量资料

2)施工技术资料

①工程技术文件报审表

②真空预压加固地基施工方案(主要应包括设备及材料,水平排水垫层、竖向排水体、滤水管、密封膜的施工工艺,抽真空设备、监测仪器的选型及安装方法,预压加固效果评价方法和监测手段等)

③真空预压加固地基技术交底记录

3)施工物资资料

①工程物资进场报验表

②材料、构配件进场检验记录

③砂井和砂垫层砂料(中粗砂)试验报告

④塑料排水带出厂合格证、性能复验报告

⑤滤水管(钢管或塑料管材)质量证明文件

4)施工记录

①隐蔽工程验收记录

②自然地面原始标高测量记录

③沉降观测记录

④真空预压过程中监测记录

⑤水平排水垫层及竖向排水体施工记录

⑥抽真空系统的安装检查记录

5)施工试验记录及检测报告

①现场预压试验记录(重要工程)

②真空预压运行记录(泵上真空度,膜内真空度)

③卸载标准的确认测试记录

④真空预压后室内土工试验报告

⑤现场原位测试报告

⑥固结度、承载力或其他性能指标试验报告

⑦地基强度检验验收记录

6)施工质量验收记录

①预压地基工程检验批质量验收记录表

②预压地基分项工程质量验收记录表

(2)堆载预压加固地基

1)勘察、测绘设计文件

①岩土工程勘察资料

②堆载预压加固设计文件及图纸、施工现场平面图

③控制桩点的测量资料

2)施工技术资料

①工程技术文件报审表

②堆载预压加固地基施工方案(主要应包括水平排水垫层、竖向排水体、堆载施工工艺和技术要求、设备及材料计划,监测仪器的选型及安装方法,预压加固效果自检评价方法和监测手段等)

③堆载预压加固地基技术交底记录

3)施工物资资料

①工程物资进场报验表

②材料、构配件进场检验记录

③砂井和砂垫层砂料(中粗砂)试验报告

④塑料排水带出厂合格证、性能复验报告

4)施工记录

①隐蔽工程验收记录

②自然地面原始标高测量记录

③沉降观测记录

④堆载预压过程中监测记录

⑤水平排水垫层、竖向排水体、堆载施工记录

5)施工试验记录及检测报告

①现场预压试验记录(重要工程)

②卸载标准的确认测试记录

③截载预压后室内土工试验报告

④现场原位测试报告

⑤固结度、承载力或其他性能指标试验报告

6)施工质量验收记录

①预压地基工程检验批质量验收记录表

②预压地基分项工程质量验收记录表

2.7.2　预压地基工程资料填写范例

隐蔽工程检查记录	编　号	×××
工程名称	××工程	
隐检项目：地基及基础处理(预压地基)	隐检日期	2015 年×月×日
隐检部位：基础工作垫层　①～⑳/Ⓐ～Ⓖ轴线　－5.90m 标高		

隐检依据:施工图图号　结施 3、地质勘察报告 2015-0138　,设计变更/洽商(编号　/　)及有关国家现行标准等。

主要材料名称及规格/型号：　荆笆　。

隐检内容：

　　工作垫层由铺荆笆和填干土两道工序组成,先铺荆笆,在软土表面按顺序满铺两层,荆笆的块与块之间搭接 200mm,并用 16 号钢丝按 500mm 间距绑扎牢固,层与层之间要错缝。然后填土,厚度 400mm。填土用人工手推车进行。

申报人:×××

检查意见：

经检查,符合设计要求及《建筑地基基础工程施工质量验收规范》(GB 50202－2002)的规定。

检查结论：　☑同意隐蔽　　□不同意,修改后进行复查

复查结论：

复查人：　　　　复查日期：

签字栏	建设(监理)单位	施工单位	××建设工程有限公司	
		专业技术负责人	专业质检员	专业工长
	×××	×××	×××	×××

本表由施工单位填写,建设单位、施工单位、城建档案馆各保存一份。

真空预压运行记录(泵上真空度)

工程名称:　　　　　　　　　　　　　　　　　　　　　　　　　　值班人员:

查表时间				真空度记录(mmHg)							
				泵号							
年	月	日	时								

注:1mmHg=133.322N/m²。

真空预压运行记录(膜内真空度)

工程名称：   值班人员：

查表时间				真空度记录(mmHg)								
				表号								
年	月	日	时									

注：$1mmHg = 133.322N/m^2$。

沉降观测记录

工程名称	××大厦工程	编　号	×××
		观测日期	2015 年 10 月 9 日
施测单位	××测绘工程有限责任公司	仪器型号	Ni004

基准点、观测点、仪器位置及平面图(可加附页):

见附图

观测点编号	实测标高(mm)		沉降量(mm)		建(构)筑物状态
	上次	本次	上次	累计	
C1	51380.4	51380.17	0.23	2.70	
C2	50358.86	50358.40	0.46	2.34	
C3	51382.80	51381.82	0.98	2.46	
C4	50652.08	50651.44	0.64	4.40	
C6	51377.00	51376.75	0.25	4.94	正常
C8	50439.67	50439.34	0.33	3.38	
⋮					
C26	50383.67	50383.32	0.35	2.34	
C27	50200.14	50199.37	0.77	2.15	

签字栏	施工单位	××测绘工程有限责任公司	专业技术负责人	专业质检员	施测人
			王××	李××	刘××
	监理单位	××工程建设监理有限公司	专业工程师		宋××

基准点、观测点、仪器位置及平面图(附图):

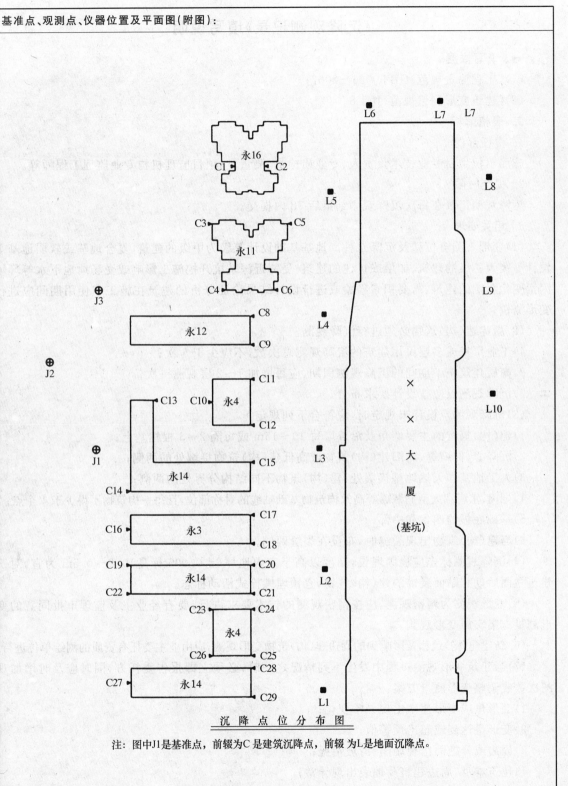

沉 降 点 位 分 布 图

注: 图中J1是基准点, 前辍为C是建筑沉降点, 前辍 为L是地面沉降点。

《沉降观测记录》填写说明

一、填写依据

(1)《工程测量规范》GB 50026－2007；

(2)《建筑变形测量规范》JGJ 8。

二、表格解析

1. 责任部门

施测单位项目专业技术负责人、专业质检员、测量员,项目监理机构专业监理工程师等。

2. 提交时限

沉降观测记录在每次沉降观测结束后 7d 内提交。

3. 相关要求

(1)变形观测含位移及沉降二种。地基基础设计等级为甲级的建筑、复合地基或软弱地基上设计等级为乙级的建筑、加层或扩建的建筑、受邻近深基坑开挖施工影响或受场地地下水等环境因素变化影响的建筑、需要积累经验或进行设计结果论证分析的建筑在施工和使用期间应进行变形测量。

(2)新建建(构)筑物必须进行沉降观测。

1)工业厂房或多层民用建筑的沉降观测总次数,不应少于 5 次;

2)高层建筑施工期间的沉降观测周期,应每增加 1～2 层观测一次;

3)沉降观测点应按设计要求布置。

(3)沉降观测点设计未规定时,应符合下列规定:

1)建(构)筑物的主要墙角及沿外墙每 10～15m 或每隔 2～3 根柱基上;

2)沉降缝、伸缩缝、新旧建(构)筑物或高低建(构)筑物接壤处的两侧;

3)人工地基和天然地基接壤处、建(构)筑物不同结构分界处的两侧;

4)烟囱、水塔和大型储藏罐等高耸构筑物基础轴线的对称部位,且每一构筑物不得少于 4 个点;

5)基础底板的四角和中部;

6)当建(构)筑物出现裂缝时,布设在裂缝两侧。

(4)沉降观测标志应稳固埋设,高度以高于室内地坪(±0.000 标高)0.2～0.5m 为宜,对于建筑立面后期有贴面装饰的建(构)筑物,宜预埋螺栓式活动标志。

(5)变形观测为精密观测,应按精密观测的技术要求进行,要有经业主及监理审批同意的变形测量方案实施变形观测。

(6)新建建(构)筑物及影响到的周边建(构)筑物变形观测,应由业主委托有资质的测绘单位进行。

(7)当建筑变形观测过程中发生下列情况之一时,必须立即报告委托方,同时应及时增加观测次数或调整变形测量方案:

1)变形量或变形速率出现异常变化;

2)变形量达到或超出预警值;

3)周边或开挖面出现塌陷、滑坡情况;

4)建筑本身、周边建筑及地表出现异常;

5)由于地震、暴雨、冻融等自然灾害引起的其他异常变形情况。

(8)工程沉降观测记录应按本表的要求填写。

预压地基检验批质量验收记录

01010701____001____

单位（子单位）工程名称	××大厦	分部（子分部）工程名称	地基与基础/地基	分项工程名称	预压地基
施工单位	××建筑有限公司	项目负责人	赵斌	检验批容量	1600m²
分包单位	/	分包单位项目负责人	/	检验批部位	1～7/A～C轴地基
施工依据	《建筑地基处理技术规范》JGJ79-2012		验收依据	《建筑地基基础工程施工质量验收规范》GB50202-2002	

		验收项目	设计要求及规范规定	最小/实际抽样数量	检查记录	检查结果
主控项目	1	预压载荷(%)	≤2	16/16	抽查16处，合格16处	√
	2	固结度(与设计要求比)(%)	≤2	16/16	抽查16处，合格16处	√
	3	承载力或其它性能指标	设计要求	/	检验合格，报告编号××××	√
一般项目	1	沉降速率(与控制值比)(%)	±10	/	抽查16处，合格16处	100%
	2	砂井或塑料排水带位置(mm)	±100	16/16	抽查16处，合格16处	100%
	3	砂井或塑料排水带插入深度(mm)	±200	16/16	抽查16处，合格16处	100%
	4	插入塑料排水带时的回带长度(mm)	≤500	16/16	抽查16处，合格16处	100%
	5	塑料排水带或砂井高出砂垫层距离(mm)	≥200	16/16	抽查16处，合格16处	100%
	6	插入塑料排水带的回带根数(%)	<5	16/16	抽查16处，合格16处	100%

施工单位检查结果	符合要求 专业工长：　王永兴 项目专业质量检查员：　柳家联 2014年××月××日
监理单位验收结论	合格 专业监理工程师：　刘东 2014年××月××日

《预压地基检验批质量验收记录》填写说明

1. 填写依据

(1)《建筑地基基础工程施工质量验收规范》GB 50202—2002。

(2)《建筑工程施工质量验收统一标准》GB 50300—2013。

2. 规范摘要

以下内容摘录自《建筑地基基础工程施工质量验收规范》GB 50202—2002。

验收要求

(1)一般规定

参见"素土、灰土地基检验批质量验收记录"验收要求的相关内容。

(2)预压地基

1)施工前应检查施工监测措施,沉降、孔隙水压力等原始数据,排水设施,砂井(包括袋装砂井)塑料排水带等位置。

2)堆载施工应检查堆载高度、沉降速率。真空预压施工应检查密封膜的密封性能、真空表读数等。

3)施工结束后,应检查地基土的强度及要求达到的其他物理力学指标,重要建筑物地基应做承载力检验。

4)预压地基和塑料排水带质量检验标准应符合表 2-18 的规定。

表 2-18   预压地基和塑料排水带质量检验标准

项目	序	检查项目	允许偏差或允许值		检查方法
			单位	数值	
主控项目	1	预压载荷	%	≤2	水准仪
	2	固结度(与设计要求比)	%	≤2	根据设计要求采用不同的方法
	3	承载力或其他性能指标	设计要求		按规定方法
一般项目	1	沉降速率(与控制值比)	%	±10	水准仪
	2	砂井或塑料排水带位置	mm	±100	用钢尺量
	3	砂井或塑料排水带插入深度	mm	±200	插入时用经纬仪检查
	4	插入塑料排水带时的回带长度	mm	≤500	用钢尺量
	5	塑料排水带或砂井高出砂垫层距离	mm	≥200	用钢尺量
	6	插入塑料排水带的回带根数	%	<5	目测

注:如真空预压,主控项目中预压载荷的检查为真空度降低值<2%。

2.8　砂石桩复合地基

2.8.1　砂石桩复合地基工程资料列表

(1)施工技术资料

砂石桩复合地基工程技术交底记录

(2)测量放线复核记录

(3)施工物资资料

1)材料、构配件进场报验表

2)产品出厂合格证

(4)施工记录

1)隐蔽工程验收记录

2)基槽验线记录

3)施工检查记录

(5)施工实验记录及检测报告

1)地基承载力检验报告

2)土工击实实验报告

3)回填土实验报告

4)配合比实验记录

(6)施工质量验收记录

1)砂石桩复合地基检验批质量验收记录

2)分项工程质量验收记录

2.8.2 砂石桩复合地基工程资料填写范例

隐蔽工程验收记录

工程名称	××办公楼工程	编　　号	×××
隐检项目	砂桩地基	隐检日期	2015 年 6 月 13 日
隐检部位	基础层⑤～⑨/Ⓑ～Ⓔ轴线－6.300m 标高		

隐检依据:施工图号＿＿＿＿＿＿结施－1、结施－3、砂桩施工方案、地基勘察报告(编号××)＿＿＿＿＿，

设计变更/工程变更单(编号＿＿＿＿＿＿/＿＿＿＿＿)及有关国家现行标准等。

主要材料名称及规格/型号:＿＿＿＿＿中粗砂＿＿＿＿＿

隐检内容:

　　1. 材料进厂合格证、质量证明书,砂粒径 0.3～3mm,含泥量符合要求。

　　2. 检查砂桩的桩数、孔径、深度,详见施工记录××。

　　3. 采用振动沉管施工振动 30～70kN,拨管速度在 1～1.5m/min,振捣密实。

　　4. 桩位:桩尖与定位桩的距离≤50mm。

　　5. 桩的标高及垂直度符合规范要求,详见施工记录××。

　　6. 地基承载力检验合格,报告编号为××。

检查结论:

　　经检查,隐检项目符合设计要求和《建筑地基基础工程施工质量验收规范》(GB 50202－2002)的规定。

☑同意隐蔽　　　　□不同意隐蔽

签字栏	施工单位	××建设集团有限公司	专业技术负责人	专业质检员
			吴××	郭××
	监理单位	××工程建设监理有限公司	专业监理工程师	孙××

砂石桩复合地基检验批质量验收记录

01010801____001

单位（子单位） 工程名称	××大厦	分部（子分部） 工程名称	地基与基础/地基	分项工程名称	砂石桩复合地基
施工单位	××建筑有限 公司	项目负责人	赵斌	检验批容量	180 根
分包单位	/	分包单位项目 负责人	/	检验批部位	1～7/A～C 轴地基
施工依据	《建筑地基处理技术规范》 JGJ79-2012		验收依据	《建筑地基基础工程施工质量验 收规范》GB50202-2002	

		验收项目	设计要求及规 范规定	最小/实际抽 样数量	检查记录	检查结果
主控项目	1	灌砂量（%）	≥95	36/36	抽查 36 根，合格 36 根	√
	2	地基强度	设计要求	/	检验合格，资料齐全，试验报 告编号××××	√
	3	地基承载力	设计要求	/	检验合格，资料齐全，试验报 告编号××××	√
一般项目	1	砂料的含泥量（%）	≤3	36/36	抽查 36 根，合格 36 根	100%
	2	砂料的有机质含量（%）	≤5	36/36	抽查 36 根，合格 36 根	100%
	3	桩位（mm）	≤50	36/36	抽查 36 根，合格 36 根	100%
	4	砂桩标高（mm）	±150	36/36	抽查 36 根，合格 36 根	100%
	5	垂直度（%）	≤1.5	36/36	抽查 36 根，合格 36 根	100%
施工单位 检查结果	符合要求 专业工长：王禾兴 项目专业质量检查员：郝保取 2014 年××月××日					
监理单位 验收结论	合格 专业监理工程师：刘东 2014 年××月××日					

《砂石桩复合地基检验批质量验收记录》填写说明

1. 填写依据

(1)《建筑地基基础工程施工质量验收规范》GB 50202－2002。

(2)《建筑工程施工质量验收统一标准》GB 50300－2013。

2. 规范摘要

以下内容摘录自《建筑地基基础工程施工质量验收规范》GB 50202－2002。

验收要求

(1)一般规定

参见"素土、灰土地基检验批质量验收记录"验收要求的相关内容。

(2)砂桩地基

1)施工前应检查砂料的含泥量及有机质含量、样桩的位置等。

2)施工中检查每根砂桩的桩位、灌砂量、标高、垂直度等。

3)施工结束后,应检验被加固地基的强度或承载力。

4)砂桩地基的质量检验标准应符合表 2-19 的规定。

表 2-19   砂桩地基的质量检验标准

项	序	检查项目	允许偏差或允许值		检查方法
			单位	数值	
主控项目	1	灌砂量	%	≥95	实际用砂量与计算体积比
	2	地基强度	设计要求		按规定方法
	3	地基承载力	设计要求		按规定方法
一般项目	1	砂料的含泥量	%	≤3	试验室测定
	2	砂料的有机质含量	%	≤5	焙烧法
	3	桩位	mm	≤50	用钢尺量
	4	砂桩标高	mm	±150	水准仪
	5	垂直度	%	≤1.5	经纬仪检查桩管垂直度

2.9　高压旋喷注浆地基

2.9.1　高压喷射注浆地基工程资料列表

(1)勘察设计文件

1)岩土工程勘察资料

2)邻近建筑物和地下设施类型、分布及结构质量情况资料

3)工程设计文件

(2)施工技术资料

1)工程技术文件报审表

2)高压喷射注浆地基工程施工方案

3)高压喷射注浆地基工程技术交底记录

(3)施工物资资料

1)工程物资进场报验表

2)材料、构配件进场检验记录

3)水泥产品合格证、出厂检验报告、进场试验报告

4)外加剂(早强剂、速凝剂等)质量证明书或合格证、检测报告、产品性能和使用说明书、复试报告

5)掺合料(膨润土、粉煤灰、矿渣、矿渣等)质量证明文件、复试报告

(4)施工记录

1)测量放线和复核记录

2)单管旋喷注浆施工记录表

3)二重管旋喷注浆施工记录表

4)三重管旋喷注浆施工记录表

5)注浆效果检查记录

(5)施工试验记录及检测报告

1)浆液配合比试验记录

2)桩体强度检测报告

3)地基承载力检验报告

(6)施工质量验收记录

1)高压喷射注浆地基工程检验批质量验收记录表

2)高压喷射注浆地基分项工程质量验收记录表

2.9.2 高压喷射注浆地基工程资料填写范例

单管旋喷注浆施工记录表

工程名称						施工单位				
浆液喷嘴孔径及个数				注浆管直径				桩　　号		
设计入土深度				设计提升速度				地面标高		
钻孔或打管机具				高压注浆泵型号				设计旋转速度		
浆液配方及配比								水泥标号		

注浆孔编号	旋喷深度(m)	实际有效长度(m)	旋喷时间 开始(h:min)	旋喷时间 结束(h:min)	平均旋转速度(r/min)	提升速度(m/min)	高压浆液 压力(MPa)	高压浆液 流量(m³/min)	高压浆液 注浆量(m³)	冒浆量及残液状态	旋喷日期

现场负责人：　　　　　　　　　　　　　　　记录人：

二重管旋喷注浆施工记录表

工程名称		施工单位		桩　号	
空气、浆液喷嘴孔径及个数		注浆管直径		地面标高	
设计入土深度		设计提升速度		设计旋转速度	
钻孔或打管机具		高压注浆泵型号		空压机型号	
浆液配方及配比				水泥标号	

注浆孔编号	旋喷深度(m)	实际有效长度(m)	旋喷时间 开始(h:min)	旋喷时间 结束(h:min)	平均旋转速度(r/min)	提升速度(m/min)	压缩空气 压力(MPa)	压缩空气 排量(m³/min)	高压浆液 压力(MPa)	高压浆液 流量(m³/min)	高压浆液 注浆量(m³)	冒浆量及残液状态	旋喷日期

现场负责人：　　　　　　　　　　　　　　　　　　记录人：

一册在手　表格全有　贴近现场　资料无忧

三重管旋喷注浆施工记录表

工程名称		施工单位		桩　号	
空气、浆液喷嘴孔径及个数		注浆管直径		地面标高	
设计入土深度		设计提升速度		设计旋转速度	
钻孔或打管机具		高压注浆泵型号		空压机型号	
浆液配方及配比				水泥标号	

注浆孔编号	旋喷深度(m)	实际有效长度(m)	旋喷时间		平均旋转速度(r/min)	提升速度(m/min)	压缩空气		高压浆液			冒浆量及残液状态	旋喷日期
			开始(h:min)	结束(h:min)			压力(MPa)	排量(m³/min)	压力(MPa)	流量(m³/min)	注浆量(m³)		

现场负责人：　　　　　　　　　　　　　　　　　　　　　记录人：

高压旋喷注浆地基检验批质量验收记录

01010901___001

单位（子单位）工程名称	××大厦	分部（子分部）工程名称	地基与基础/地基	分项工程名称	高压旋喷注浆地基
施工单位	××建筑有限公司	项目负责人	赵斌	检验批容量	560 根
分包单位	/	分包单位项目负责人	/	检验批部位	1～7/A～C 轴地基
施工依据	《建筑地基处理技术规范》JGJ79-2012		验收依据	《建筑地基基础工程施工质量验收规范》GB50202-2002	

		验收项目	设计要求及规范规定	最小/实际抽样数量	检查记录	检查结果
主控项目	1	水泥及外掺剂质量	符合出厂要求	/	检验合格，资料齐全	√
	2	水泥用量	设计要求	/	检验合格，资料齐全	√
	3	桩体强度或完整性检验	设计要求	/	检验合格，资料齐全	√
	4	地基承载力	设计要求	/	检验合格，资料齐全	√
一般项目	1	钻孔位置(mm)	≤50	112/112	抽查112根，合格112根	100%
	2	钻孔垂直度(%)	≤1.5	112/112	抽查112根，合格112根	100%
	3	孔深(mm)	±200	112/112	抽查112根，合格112根	100%
	4	注浆压力	按设定参数指标	/	检验合格，结果见施工记录××××	√
	5	桩体搭接(mm)	>200	112/112	抽查112根，合格112根	100%
	6	桩体直径(mm)	≤50	112/112	抽查112根，合格112根	100%
	7	桩身中心允许偏差(mm)	≤0.2D (D=600mm)	112/112	抽查112根，合格112根	100%

施工单位检查结果	符合要求 专业工长： 项目专业质量检查员： 2014 年××月××日
监理单位验收结论	合格 专业监理工程师： 2014 年××月××日

《高压旋喷注浆地基检验批质量验收记录》填写说明

1. 填写依据

(1)《建筑地基基础工程施工质量验收规范》GB 50202—2002。

(2)《建筑工程施工质量验收统一标准》GB 50300—2013。

2. 规范摘要

以下内容摘录自《建筑地基基础工程施工质量验收规范》GB 50202—2002。

验收要求

(1)一般规定

参见"素土、灰土地基检验批质量验收记录"验收要求的相关内容。

(2)高压喷射注浆地基

1)施工前应检查水泥、外掺剂等的质量,桩位,压力表、流量表的精度和灵敏度,高压喷射设备的性能等。

2)施工中应检查施工参数(压力、水泥浆量、提升速度、旋转速度等)及施工程序。

3)施工结束后,应检验桩体强度、平均直径、桩身中心位置、桩体质量及承载力等。桩体质量及承载力检验应在施工结束后 28d 进行。

4)高压喷射注浆地基质量检验标准应符合表 2-20 的规定。

表 2-20　　　　　　　　　　高压喷射注浆地基质量检验标准

项	序	检查项目	允许偏差或允许值		检查方法
			单位	数值	
主控项目	1	水泥及外掺剂质量	符合出厂要求		查产品合格证书或抽样送检
	2	水泥用量	设计要求		查看流量表及水泥浆水灰比
	3	桩体强度或完整性检验	设计要求		按规定方法
	4	地基承载力	设计要求		按规定方法
一般项目	1	钻孔位置	mm	≤50	用钢尺量
	2	钻孔垂直度	%	≤1.5	经纬仪测钻杆或实测
	3	孔深	mm	±200	用钢尺量
	4	注浆压力	按设定参数指标		查看压力表
	5	桩体搭接	mm	>200	用钢尺量
	6	桩体直径	mm	≤50	开挖后用钢尺量
	7	桩身中心允许偏差		≤0.2D	开挖后桩顶下 500mm 处用钢尺量,D 为桩径

2.10　水泥土搅拌桩地基

2.10.1　水泥土搅拌桩地基工程资料列表

(1)勘察、测绘、设计文件

1)岩土工程勘察资料

2)水泥土搅拌桩施工桩位图与设计说明

(2)施工管理资料

见证记录

(3)施工技术资料

1)工程技术文件报审表

2)水泥土搅拌桩施工方案

3)水泥土搅拌桩地基工程技术交底记录

(4)施工物资资料

1)工程物资进场报验表

2)材料、构配件进场检验记录

3)水泥、外加剂等质量证明文件、复试报告

(5)施工记录

1)隐蔽工程验收记录

2)工艺性试桩记录

3)水泥土搅拌桩地基施工记录

(6)施工试验记录及检测报告

1)浆液配合比试验记录

2)桩体强度检测报告

3)地基承载力检验报告

(7)施工质量验收记录

1)水泥土搅拌桩地基工程检验批质量验收记录表

2)水泥土搅拌桩地基分项工程质量验收记录表

2.10.2 水泥土搅拌桩地基工程资料填写范例

水泥土搅拌桩地基施工记录

日期:2015 年×月×日   共×页 第 1 页

工程名称		××大厦			施工单位		××建设工程有限公司	
专业施工单位		××基础工程有限公司	设计桩长(m)		13	设计桩径(m)		0.5
设备型号规格	深层搅拌机	SJB40	外加剂	名称	FDN	水泥	品牌	×××
	集料斗	1.85m³		含量(%)	2		强度等级	P·O 32.5
	灰浆泵	2×40		名称	/		水灰比	0.55∶1
	拌浆机	0.5m³		含量(%)	/		喷搅型式	四搅三喷

	桩 号		7#	8#		
第一次	喷浆段起止标高(m)		−1.5	−1.1		
			−14.5	−14.5		
	钻进	开始时间	8:10	9:50		
		结束时间	8:30	10:10		
	提升喷浆	开始时间	8:35	10:15		
		结束时间	9:02	10:42		
	流量(l/min)		30	30		
第二次	喷浆段起止标高(m)		−1.5	−1.5		
			−14.5	−14.5		
	钻进	开始时间	9:03	10:43		
		结束时间	9:08	10:48		
	提升喷浆	开始时间	9:09	10:49		
		结束时间	9:15	10:55		
	流量(l/min)		30	30		
水泥用量(kg)			690	690		
施工异常情况记录		正常				

签字栏	建设(监理)单位	施工单位		
		质检员	施工员	施工班组长
	×××	×××	×××	×××

地基承载力检验报告

工程名称	××大厦		报告编号	检 15-×××
工程地点	××市××区××路		报告日期	2015 年×月×日
委托单位	××建设工程有限公司		委托日期	2015 年×月×日
施工单位	××建设工程有限公司		见证人	×××
见证单位	××建设监理有限公司		见证号	×××
地基处理工艺方法	深层搅拌法		试验方法	载荷试验
地基承载力特征值（kPa）	130	载荷板尺寸（mm×mm）	100×100	加荷方法	慢速维持荷载法

点（桩）号	加荷级数	最大试验荷载（kN）	最大试验荷载下载荷板沉降（mm）	残余变形（mm）	地基承载力特征值（kPa）	检测日期	备注
1	10	260	36.72	25.39	≥130	×/×	
2	10	260	29.74	20.89	≥130	×/×	
3	10	260	32.45	22.30	≥130	×/×	

检测依据	《建筑地基处理技术规范》(JGJ 79－2012)
检测结论	1♯试验点的复合地基承载力特征值不小于 130kPa 2♯试验点的复合地基承载力特征值不小于 130kPa 3♯试验点的复合地基承载力特征值不小于 130kPa
备注	——

××建设工程检测中心

检测报告专用章

批准：×××　　　　　　审核：×××　　　　　　检验：×××

一册在手　表格全有　贴近现场　资料无忧

水泥土搅拌桩地基检验批质量验收记录

01011001 ___001___

单位(子单位)工程名称		××大厦	分部(子分部)工程名称	地基与基础/地基	分项工程名称	水泥土搅拌桩地基
施工单位		××建筑有限公司	项目负责人	赵斌	检验批容量	560根
分包单位		/	分包单位项目负责人	/	检验批部位	1~7/A~C轴地基
施工依据		《建筑地基处理技术规范》JGJ79-2012		验收依据	《建筑地基基础工程施工质量验收规范》GB50202-2002	

		验收项目	设计要求及规范规定	最小/实际抽样数量	检查记录	检查结果
主控项目	1	水泥及外掺剂质量	设计要求	/	检验合格,报告编号××××	√
	2	水泥用量	参数指标	/	检验合格,报告编号××××	√
	3	桩体强度	设计要求	/	检验合格,报告编号××××	√
	4	地基承载力	设计要求	/	检验合格,报告编号××××	√
一般项目	1	机头提升速度(m/min)	≤ 0.5	112/112	抽查112根,合格112根	100%
	2	桩底标高(mm)	± 200	112/112	抽查112根,合格112根	100%
	3	桩顶标高(mm)	+100 −50	112/112	抽查112根,合格112根	100%
	4	桩位偏差(mm)	<50	112/112	抽查112根,合格112根	100%
	5	桩径	$<0.04D$ (D=**500**mm)	112/112	抽查112根,合格112根	100%
	6	垂直度(%)	≤ 1.5	112/112	抽查112根,合格112根	100%
	7	搭接(mm)	>200	112/112	抽查112根,合格112根	100%

施工单位检查结果	符合要求 专业工长: 项目专业质量检查员: 2014年××月××日
监理单位验收结论	合格 专业监理工程师: 2014年××月××日

《水泥土搅拌桩地基检验批质量验收记录》填写说明

1. 填写依据

(1)《建筑地基基础工程施工质量验收规范》GB 50202-2002。

(2)《建筑工程施工质量验收统一标准》GB 50300-2013。

2. 规范摘要

以下内容摘录自《建筑地基基础工程施工质量验收规范》GB 50202-2002。

验收要求

(1)一般规定

参见"素土、灰土地基检验批质量验收记录"验收要求的相关内容。

(2)水泥土搅拌桩地基

1)施工前应检查水泥及外掺剂的质量、桩位、搅拌机工作性能及各种计量设备完好程度(主要是水泥浆流量计及其他计量装置)。

2)施工中应检查机头提升速度、水泥浆或水泥注入量、搅拌桩的长度及标高。

3)施工结束后,应检查桩体强度、桩体直径及地基承载力。

4)进行强度检验时,对承重水泥土搅拌桩应取 90d 后的试件;对支护水泥土搅拌桩应取 28d 的试件。

5)水泥土搅拌桩地基质量检验标准应符合表 2-21 的规定。

表 2-21 水泥土搅拌桩地基质量检验标准

项	序	检查项目	允许偏差或允许值		检查方法
			单位	数值	
主控项目	1	水泥及外掺剂质量	设计要求		查产品合格证书或抽样送检
	2	水泥用量	参数指标		查看流量计
	3	桩体强度	设计要求		按规定方法
	4	地基承载力	设计要求		按规定方法
一般项目	1	机头提升速度	m/min	≤0.5	量机头上升距离及时间
	2	桩底标高	mm	±200	测机头深度
	3	桩顶标高	mm	+100 -50	水准仪(最上部 500mm 不计入)
	4	桩位偏差	mm	<50	用钢尺量
	5	桩径		<0.04D	用钢尺量,D 为桩径
	6	垂直度	%	≤1.5	经纬仪
	7	搭接	mm	>200	用钢尺量

2.11　土和灰土挤密桩复合地基

2.11.1　土和灰土挤密桩复合地基工程资料列表

(1)勘察、测绘、设计文件

1)岩土工程勘察资料

2)临近建筑物和地下设施类型、分布及结构质量情况资料

3)工程设计文件

4)控制桩点的测量资料

(2)施工技术资料

1)工程技术文件报审表

2)土和灰土挤密桩施工方案

3)土和灰土挤密桩地基工程技术交底记录

(3)施工物资资料

1)工程物资进场报验表

2)材料、构配件进场检验记录

3)土料、石灰的试验检验记录

(4)施工记录

1)隐蔽工程验收记录

2)灰土挤密桩桩孔施工记录

3)灰土挤密桩桩孔分填施工记录

(5)施工试验记录及检测报告

1)成孔试验和成孔挤密试验记录

2)土工击实试验报告

3)桩体、桩间土干密度试验报告

4)地基承载力检验报告

(6)施工质量验收记录

1)土和灰土挤密桩地基工程检验批质量验收记录表

2)土和灰土挤密桩地基分项工程质量验收记录表

2.11.2　土和灰土挤密桩复合地基工程资料填写范例

灰土挤密桩桩孔施工记录

施工单位：＿＿＿＿＿＿

施工班组：＿＿＿＿＿＿

机械型号：＿＿＿＿＿＿

工程名称：＿＿＿＿＿＿
地面标高：＿＿＿＿＿＿
设计孔径：＿＿＿＿＿＿
孔深：＿＿＿＿＿＿

序号	施工日期	基础编号	桩孔编号	桩孔深度(m)	锤击次数		成孔时间(min)		成孔质量检查					备注
					总数	最后1m内次数	总计	最后1m成孔时间	桩径	垂直度	孔深	缩颈	坍孔	回淤	

工程负责人：＿＿＿＿＿＿　　　　记录：＿＿＿＿＿＿

注：采用锤击沉管时，记录"锤击次数"一栏；采用振动沉管成孔时，记录"成孔时间"一栏。

灰土挤密桩桩孔分填施工记录

施工单位：
施工班组：
夯填型号：

工程名称：
地面标高：
填料类别：

序号	施工日期	基础编号	桩孔编号	桩孔深度(m)	桩孔直径(m)	设计填料量(m³)	实际填料量(m³)	夯填时间(min)	质量检查				夯击次数	备注
									配合比	灰土		含水量(%)		
										粒径(mm)				

工程负责人：

记录：

土和灰土挤密桩复合地基检验批质量验收记录

01011101____001

单位（子单位）工程名称	××大厦	分部（子分部）工程名称	地基与基础/地基	分项工程名称	土和灰土挤密桩复合地基
施工单位	××建筑有限公司	项目负责人	赵斌	检验批容量	560根
分包单位	/	分包单位项目负责人	/	检验批部位	1～7/A～C轴地基
施工依据	《建筑地基处理技术规范》JGJ79-2012		验收依据	《建筑地基基础工程施工质量验收规范》GB50202-2002	

		验收项目	设计要求及规范规定	最小/实际抽样数量	检查记录	检查结果
主控项目	1	桩体及桩间土干密度	设计要求	/	检验合格，报告编号××××	√
	2	桩长(mm)	+500	112/112	抽查112根，合格112根	√
	3	地基承载力	符合设计要求	/	检验合格，报告编号××××	√
	4	桩径(mm)	-20	112/112	抽查112根，合格112根	√
一般项目	1	土料有机质含量(%)	≤5	112/112	抽查112根，合格112根	100%
	2	石灰粒径(mm)	≤5	112/112	抽查112根，合格112根	100%
	3	桩位偏差	满堂布桩≤0.4D(D=400mm)	112/112	抽查112根，合格112根	100%
			条基布桩≤0.25D(D=____mm)	/	/	
	4	垂直度(%)	≤1.5	112/112	抽查112根，合格112根	100%
	5	桩径(mm)	-20	112/112	抽查112根，合格112根	100%

施工单位检查结果	符合要求 专业工长： 王乐兴 项目专业质量检查员： 柳保取 2014年××月××日
监理单位验收结论	合格 专业监理工程师： 刘东 2014年××月××日

《土和灰土挤密桩复合地基检验批质量验收记录》填写说明

1. 填写依据

(1)《建筑地基基础工程施工质量验收规范》GB 50202—2002。

(2)《建筑工程施工质量验收统一标准》GB 50300—2013。

2. 规范摘要

以下内容摘录自《建筑地基基础工程施工质量验收规范》GB 50202—2002。

验收要求

(1)一般规定

参见"素土、灰土地基检验批质量验收记录"验收要求的相关内容。

(2)土和灰土挤密桩复合地基

1)施工前应对土及灰土的质量、桩孔放样位置等做检查。

2)施工中应对桩孔直径、桩孔深度、夯击次数、填料的含水量等做检查。

3)施工结束后,应检验成桩的质量及地基承载力。

4)土和灰土挤密桩地基质量检验标准应符合表 2-22 的规定。

表 2-22　　　　　　　　　　土和灰土挤密桩地基质量检验标准

项	序	检查项目	允许偏差或允许值		检查方法
			单位	数值	
主控项目	1	桩体及桩间土干密度	设计要求		现场取样检查
	2	桩长	mm	＋500	测桩管长度或垂球测孔深
	3	地基承载力	设计要求		按规定的方法
	4	桩径	mm	－20	用钢尺量
一般项目	1	土料有机质含量	％	≤5	试验室焙烧法
	2	石灰粒径	mm	≤5	筛分法
	3	桩位偏差	满堂布桩≤0.40D 条基布桩≤0.25D		用钢尺量,D 为桩径
	4	垂直度	％	≤1.5	用经纬仪测桩管
	5	桩径	mm	－20	用钢尺量

注:桩径允许偏差负值是指个别断面。

2.12 水泥粉煤灰碎石桩复合地基

2.12.1 水泥粉煤灰碎石桩复合地基工程资料列表

(1)勘察、测绘、设计文件

1)建筑物场地工程地质报告和必要的水文资料

2)CFG 桩布桩图,并应注明桩位编号,以及设计说明和施工说明

3)建筑场地邻近的高压电缆、电话线、地下管线、地下构筑物及障碍物等调查资料

4)建筑物场地的水准控制点和建筑物位置控制坐标等资料

(2)施工技术资料

1)工程技术文件报审表

2)水泥粉煤灰碎石桩施工方案

3)水泥粉煤灰碎石桩地基工程技术交底记录

4)图纸会审、设计变更、工程洽商记录

(3)施工物资资料

1)工程物资进场报验表

2)材料、构配件进场检验记录

3)水泥、粉煤灰、砂、石、外加剂等质量证明文件及复试报告

(4)施工记录

1)隐蔽工程验收记录

2)工程定位测量记录

3)水泥粉煤灰碎石桩试桩记录

4)水泥粉煤灰碎石桩施工记录

(5)施工试验记录及检测报告

1)混合料配合比通知单

2)桩身强度试验报告

3)地基承载力检验报告

4)桩身强度试验报告

(6)施工质量验收记录

1)水泥粉煤灰碎石桩复合地基工程检验批质量验收记录表

2)水泥粉煤灰碎石桩复合地基分项工程质量验收记录

2.12.2 水泥粉煤灰碎石桩复合地基工程资料填写范例

<table>
<tr><td colspan="2" rowspan="2" style="text-align:center"><h3>隐蔽工程检查记录</h3></td><td style="text-align:center">编 号</td><td style="text-align:center">×××</td></tr>
<tr><td colspan="2"></td></tr>
<tr><td style="text-align:center">工程名称</td><td colspan="3" style="text-align:center">××工程</td></tr>
<tr><td style="text-align:center">隐检项目</td><td style="text-align:center">水泥粉煤灰碎石桩复合地基</td><td style="text-align:center">隐检日期</td><td style="text-align:center">2015 年×月×日</td></tr>
<tr><td style="text-align:center">隐检部位</td><td colspan="3" style="text-align:center">地下基础层 ⑳～⑩/Ⓐ～① 轴线 －12.300m 标高</td></tr>
<tr><td colspan="4">隐检依据:施工图图号　结施 1、结施 4、地质勘察报告 2015-123　,设计变更/洽商(编号　/
　　)及有关国家现行标准等。
主要材料名称及规格/型号:　P·O 32.5 水泥、粉煤灰、砂、碎石　　　　。</td></tr>
<tr><td colspan="4">隐检内容:
　1. 水泥粉煤灰碎石桩采用长螺旋钻孔操作方法,桩位偏差为××mm,符合设计及规范要求。
　2. 清底、夯实孔底。沉渣厚度为 40mm,用 35kg 的重锤将孔底夯实,孔底无地下水。
　3. 验孔。检查孔深为××m,垂直度偏差为××%,符合设计及规范要求。

　　　　　　　　　　　　　　　　　　　　　　　　申报人:×××</td></tr>
<tr><td colspan="4">检查意见:
　经检查,符合设计要求及《建筑地基基础工程施工质量验收规范》(GB 50202－2002)的规定。

检查结论:　☑同意隐蔽　　□不同意,修改后进行复查</td></tr>
<tr><td colspan="4">复查结论:

　　　　　　　　　　　　复查人:　　　　　　　　　复查日期:</td></tr>
<tr><td rowspan="3" style="text-align:center">签
字
栏</td><td rowspan="3" style="text-align:center">建设(监理)单位</td><td style="text-align:center">施工单位</td><td style="text-align:center">××建设工程有限公司</td></tr>
<tr><td style="text-align:center">专业技术负责人</td><td><table><tr><td>专业质检员</td><td>专业工长</td></tr></table></td></tr>
<tr><td style="text-align:center">×××</td><td><table><tr><td>×××</td><td>×××</td></tr></table></td></tr>
</table>

本表由施工单位填写,建设单位、施工单位、城建档案馆各保存一份。

水泥粉煤灰碎石桩施工记录

工程名称：_____ 施工单位：_____

设计桩长：_____m 设计桩径：_____mm 桩体强度：_____MPa

施工日期	序号	桩位编号	孔位偏移	垂直度偏差（‰）	钻孔深度（m）	成桩时间	投料量（m³）	备 注

技术负责人： 质检员： 记录员：

一册在手 表格全有 贴近现场 资料无忧

水泥粉煤灰碎石桩复合地基检验批质量验收记录

01011201___001

单位(子单位)工程名称	××大厦	分部(子分部)工程名称	地基与基础/地基	分项工程名称	水泥粉煤灰碎石桩复合地基
施工单位	××建筑有限公司	项目负责人	赵斌	检验批容量	560根
分包单位	/	分包单位项目负责人	/	检验批部位	1～7/A～C轴地基
施工依据	《建筑地基处理技术规范》JGJ79-2012		验收依据	《建筑地基基础工程施工质量验收规范》GB50202-2002	

		验收项目	设计要求及规范规定	最小/实际抽样数量	检查记录	检查结果
主控项目	1	原材料	设计要求	/	检验合格,资料齐全	√
	2	桩径(mm)	-20	112/112	抽查112根,合格112根	√
	3	桩身强度	设计要求C20	/	检验合格,报告编号××××	√
	4	地基承载力	设计要求	/	检验合格,报告编号××××	√
一般项目	1	桩身完整性	按桩基检测技术规范	/	检验合格,报告编号××××	√
	2	桩位偏差	满堂布桩≤0.4D(D=500mm)	112/112	抽查112根,合格112根	100%
			条基布桩≤0.25D(D=____mm)	/	/	
	3	桩垂直度(%)	≤1.5	112/112	抽查112根,合格112根	100%
	4	桩长(mm)	+100	112/112	抽查112根,合格112根	100%
	5	褥垫层夯填度	≤0.9	112/112	抽查112根,合格112根	100%

施工单位检查结果	符合要求 专业工长: 项目专业质量检查员: 2014年××月××日
监理单位验收结论	合格 专业监理工程师: 2014年××月××日

《水泥粉煤灰碎石桩复合地基检验批质量验收记录》填写说明

1. 填写依据

(1)《建筑地基基础工程施工质量验收规范》GB 50202—2002。

(2)《建筑工程施工质量验收统一标准》GB 50300—2013。

1. 规范摘要

以下内容摘录自《建筑地基基础工程施工质量验收规范》GB 50202—2002。

验收要求

(1)一般规定

参见"素土、灰土地基检验批质量验收记录"验收要求的相关内容。

(2)水泥粉煤灰碎石桩复合地基

1)水泥、粉煤灰、砂及碎石等原材料应符合设计要求。

2)施工中应检查桩身混合料的配合比、坍落度和提拔钻杆速度(或提拔套管速度)、成孔深度、混合料灌入量等。

3)施工结束后,应对桩顶标高、桩位、桩体质量、地基承载力以及褥垫层的质量做检查。

4)水泥粉煤灰碎石桩复合地基的质量检验标准应符合表 2-23 的规定。

表 2-23　　　　　水泥粉煤灰碎石桩复合地基质量检验标准

项	序	检查项目	允许偏差或允许值		检查方法
			单位	数值	
主控项目	1	原材料	设计要求		查产品合格证书或抽样送检
	2	桩径	mm	−20	用钢尺量或计算填料量
	3	桩身强度	设计要求		查 28d 试块强度
	4	地基承载力	设计要求		按规定的方法
一般项目	1	桩身完整性	按桩基检测技术规范		按桩基检测技术规范
	2	桩位偏差	满堂布桩≤0.40D 条基布桩≤0.25D		用钢尺量,D 为桩径
	3	桩垂直度	%	≤1.5	用经纬仪测桩管
	4	桩长	mm	+100	测桩管长度或垂球测孔深
	5	褥垫层夯填度	≤0.9		用钢尺量

注:1 夯填度指夯实后的褥垫层厚度与虚体厚度的比值。

　　2 桩径允许偏差负值是指个别断面。

2.13 夯实水泥土桩复合地基

2.13.1 夯实水泥土桩复合地基工程资料列表

(1)勘察、测绘、设计文件

1)岩土工程勘察资料

2)邻近建筑物和地下设施类型、分布及结构质量情况资料

3)工程设计文件

4)控制桩点的测量资料

(2)施工技术资料

1)工程技术文件报审表

2)夯实水泥土桩施工方案

3)夯实水泥土桩复合地基工程技术交底记录

(3)施工物资资料

1)工程物资进场报验表

2)材料、构配件进场检验记录

3)水泥质量证明文件及复试报告,土料、掺合料等的检验报告

(4)施工记录

夯实水泥土桩施工记录

(5)施工试验记录及检测报告

1)水泥土拌合料配合比试验报告

2)夯实水泥土桩成孔和成桩试验记录

3)桩体干密度试验报告

4)夯实水泥土桩桩体质量检测报告

5)地基承载力检验报告

(6)施工质量验收记录

1)夯实水泥土桩复合地基工程检验批质量验收记录表

2)夯实水泥土桩复合地基分项工程质量验收记录表

2.13.2　夯实水泥土桩复合地基工程资料填写范例

夯实水泥土桩施工记录

施工单位：＿＿＿＿＿＿　　工程名称：＿＿＿＿＿＿

施工班组：＿＿＿＿＿＿　　地面标高：＿＿＿＿＿＿

机械型号：＿＿＿＿＿＿　　设计孔径：＿＿＿＿＿＿　孔深：＿＿＿＿＿＿

序号	施工日期	桩孔编号	桩孔深度 (m)	成孔时间 (min)		成孔质量检查					夯填				备注
				总计	最后1m成孔时间	桩径	垂直桩	孔深	缩颈	坍孔	回淤	设计填料量 (m³)	实际填料量 (m³)	每步夯填次数	

工程负责人：＿＿＿＿＿＿　　　　　　　　　　　　　　　　　　　　　　　　　　记录：＿＿＿＿＿＿

夯实水泥土桩复合地基载荷试验

检 测 报 告

工程名称： ××小区 2♯住宅楼

工程地点： ××市××区××路

委托单位： ××建设工程有限公司

检测日期： 2015 年 11 月 17 日至 11 月 18 日

报告编号： CS06-11-66

××建设工程有检测中心

2015 年 11 月 21 日

检测报告专用章

××小区 2# 住宅楼

夯实水泥土桩复合地基载荷试验检测报告

检　测　人：×××

编　　　制：×××

审　　　核：×××

批　　　注：×××

声明：

1. 本报告涂改、错页、换页、漏页无效；

2. 本报告无我单位相关技术资格证书章无效；

3. 未经书面同意不得复制或作为他用；

4. 如对本检测报告有异议或需要说明之处，可在报告发出后 15 日内向本检测单位书面提出，本单位将于 5 日内给予答复。

检测单位：××建设工程检测中心

地　　址：××区××路

邮　　编：×××

电　　话：×××

一册在手　表格全有　贴近现场　资料无忧

检 测 报 告

工程名称	××小区2#住宅楼			
检测性质	委托检验			
检测依据	《建筑地基处理技术规范》(JGJ 79－2012) 《建筑地基基础工程施工质量验收规范》(GB 50202－2002)			
桩型	夯实水泥土桩	施工有效桩长(m)	5.00	桩径 (mm)	350

检测日期	2015年11月17日	检测项目	复合地基承载力

检测情况	静载荷	总桩数	被检数	抽检率 (%)	单桩复合地基承载力特征值 (kPa)	≥180
		625	4	0.64		

结论	本工程单桩复合地基承载力特征值≥180kPa。

一、项目概况

工程名称	××小区 2#住宅楼		
工程地点	××市××区××路		
建设单位	××集团开发有限公司		
委托单位	××建设工程有限公司		
勘察单位	××勘察设计院		
设计单位	××建筑设计院		
施工单位	××建设工程有限公司		
桩　型	夯实水泥土桩		
设计有效桩长(m)	5.00	桩径(mm)	350
工程桩总数	625	检测桩数	静压 4 根
检测性质	委托检验	检测日期	2015 年 11 月 17 日
备　注			

二、地质概况

岩土工程勘察工作由××勘察设计研究院岩土工程公司完成。

详见该场地的《岩土工程勘察报告》。

三、检测依据

检测依据标准及代号:

1. 中华人民共和国行业标准《建筑地基处理技术规范》(JGJ 79—2012);

2. 中华人民共和国国家标准《建筑地基基础工程施工质量验收规范》(GB 50202—2002)。

四、现场检测

1. 加载方式

现场试验所用承压板为圆形,其面积为 1.00m²,最大加载量为设计要求复合地基承载力特征值的 2 倍,分为 8 级,单桩复合地基载荷试验参数见"单桩复合地基静载荷试验参数一览表"。

加载方式采用钢梁下设地锚的方法产生反力,油压千斤顶加载。

2. 荷载及沉降测量

荷载值通过压力传感器测量,试桩沉降则通过承压板两边对称架设的机械式百分表测量,所有百分表均用磁性表座固定于由脚手架钢管构成的基准梁上,基准梁在独立的基准桩上安装。

3. 加载标准及终止试验的条件

每加一级荷载,按间隔 10min、10min、10min、15min、15min 读记承压板沉降量,以后为每隔 0.5 小时测读一次沉降量。当每小时的沉降量小于 0.1mm 时,则认为已趋稳定,可加下一级荷载。

当出现下列情况之一时可终止试验:

一册在手　表格全有　贴近现场　资料无忧

(1) 沉降急骤增大,承压板周围的土明显地侧向挤出;

(2) 承压板累计沉降量已大于压板宽度或板直径的6%;

(3) 在某一级荷载下,24h内沉降速率不能达到稳定;

(4) 当达不到极限荷载,而最大加载压力已大于设计要求压力值的2倍。

满足上述前三种情况之一时,其对应的前一级荷载定为极限荷载。

五、检测结果

本工程共进行单桩复合地基静载荷试验4点,单桩复合地基静载试验结果见"单桩复合地基静载荷试验结果汇总表",$p-s$曲线见本报告第5页、第6页附图,各试验点在加载到最大荷载时沉降量较小,在10.44~13.56mm之间,$p-s$曲线一般较为平滑,无明显拐点及陡降段,均未达到破坏。

复合地基压缩模量值取13MPa。

综上所述,本工程单桩复合地基承载力特征值≥180kPa。

六、检测结论

本工程总桩数625根,进行单桩复合地基静载荷试验4点,抽检率0.5%,通过检测,结论如下:

本工程单桩复合地基承载力特征值≥180kPa。

七、附图表

1. 单桩复合地基静载荷试验参数一览表

单桩复合地基静载荷试验参数一览表

总桩数(根)	检测桩数(根)	检测比例(%)	实际面积置换率(%)	复合地基承载力特征值(kPa)(设计)	最大加荷量(kPa)	加荷等级	检测用置换率(%)	承压板面积(m²)
625	4	0.64	9.6	180	360	8	9.6	1.00

2. 单桩复合地基静载荷试验结果汇总表

单桩复合地基静载荷试验结果汇总表

检测桩号	加荷等级	每级加荷量(kPa)	最大加荷量(kPa)	最大沉降量(mm)	单桩复合地基承载力基本值(kPa)	单桩复合地基承载力特征值(kPa)
123	8	45	360	11.90	≥180	≥180
263	8	45	360	13.47	≥180	
376	8	45	360	10.44	≥180	
503	8	45	360	13.56	≥180	

3. 检测点平面示意图(见本报告第4页附图)

4. 单桩复合地基静载荷试验 $p-s$ 曲线(见本报告第5页、第6页附图)

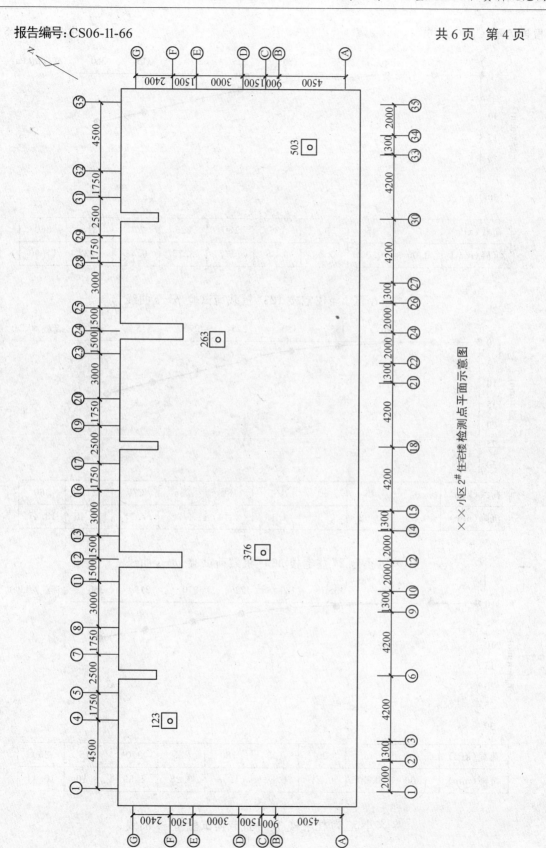

××小区 2# 住宅楼检测点平面示意图

一册在手 表格全有 贴近现场 资料无忧

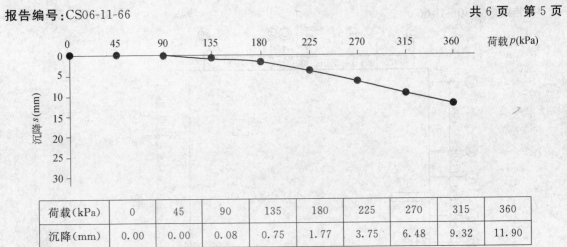

荷载(kPa)	0	45	90	135	180	225	270	315	360
沉降(mm)	0.00	0.00	0.08	0.75	1.77	3.75	6.48	9.32	11.90

××小区 2#住宅楼 123#桩载荷试验 $p-s$ 曲线

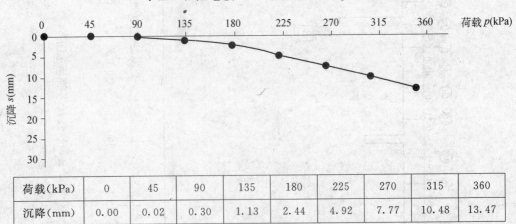

荷载(kPa)	0	45	90	135	180	225	270	315	360
沉降(mm)	0.00	0.02	0.30	1.13	2.44	4.92	7.77	10.48	13.47

××小区 2#住宅楼 263#桩载荷试验 $p-s$ 曲线

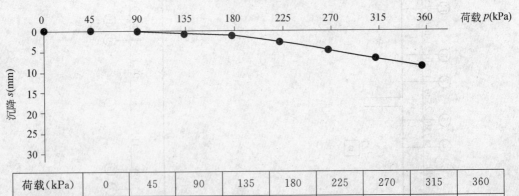

荷载(kPa)	0	45	90	135	180	225	270	315	360
沉降(mm)	0.00	0.00	0.24	0.80	1.58	3.28	5.59	8.10	10.44

××小区 2#住宅楼 376#桩载荷试验 $p-s$ 曲线

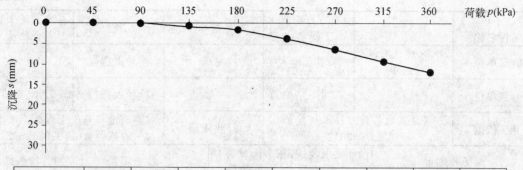

荷载(kPa)	0	45	90	135	180	225	270	315	360
沉降(mm)	0.00	0.04	0.52	1.57	3.42	6.54	9.32	11.35	13.56

××小区 2# 住宅楼 503# 桩载荷试验 $p-s$ 曲线

夯实水泥土桩复合地基检验批质量验收记录

01011301 __001__

单位（子单位）工程名称	××大厦		分部（子分部）工程名称	地基与基础/地基	分项工程名称	夯实水泥土桩复合地基
施工单位	××建筑有限公司		项目负责人	赵斌	检验批容量	140 根
分包单位	/		分包单位项目负责人	/	检验批部位	1～7/A～C 轴地基
施工依据	《建筑地基处理技术规范》JGJ79-2012			验收依据	《建筑地基基础工程施工质量验收规范》GB50202-2002	

		验收项目	设计要求及规范规定	最小/实际抽样数量	检查记录	检查结果
主控项目	1	桩径(mm)	-20	28/28	抽查 28 根，合格 28 根	√
	2	桩长(mm)	+500	28/28	抽查 28 根，合格 28 根	√
	3	桩体干密度	设计要求	/	检验合格，报告编号 ××××	√
	4	地基承载力	设计要求	/	检验合格，报告编号 ××××	√
一般项目	1	土料有机质含量(%)	≤5	28/28	抽查 28 根，合格 28 根	100%
	2	含水量(与最优含水量比)(%)	±2	28/28	抽查 28 根，合格 28 根	100%
	3	土料粒径(mm)	≤20	28/28	抽查 28 根，合格 28 根	100%
	4	水泥质量	设计要求	/	检验合格，报告编号 ××××	√
	5	桩位偏差	满堂布桩≤0.4D (D=350mm)	28/28	抽查 28 根，合格 28 根	100%
			条基布桩≤0.25D(D=____mm)	/	/	
	6	桩孔垂直度(%)	≤1.5	28/28	抽查 28 根，合格 28 根	100%
	7	褥垫层夯填度	≤0.9	28/28	抽查 28 根，合格 28 根	100%
施工单位检查结果	符合要求 专业工长：王乐兴 项目专业质量检查员：郝保取 2014 年××月××日					
监理单位验收结论	合格 专业监理工程师：刘东 2014 年××月××日					

一册在手 表格全有 贴近现场 资料无忧

《夯实水泥土桩复合地基检验批质量验收记录》填写说明

1. 填写依据

(1)《建筑地基基础工程施工质量验收规范》GB 50202－2002。

(2)《建筑工程施工质量验收统一标准》GB 50300－2013。

2. 规范摘要

以下内容摘录自《建筑地基基础工程施工质量验收规范》GB 50202－2002。

验收要求

(1)一般规定

参见"素土、灰土地基检验批质量验收记录"验收要求的相关内容。

(2)夯实水泥土桩复合地基

1)水泥及夯实用土料的质量应符合设计要求。

2)施工中应检查孔位、孔深、孔径、水泥和土的配比、混合料含水量等。

3)施工结束后,应对桩体质量及复合地基承载力做检验,褥垫层应检查其夯填度。

4)夯实水泥土桩的质量检验标准应符合表 2-24 的规定。

表 2-24　　　　　　　　　　夯实水泥土桩复合地基质量检验标准

项目	序	检查项目	允许偏差或允许值		检查方法
			单位	数值	
主控项目	1	桩径	mm	－20	用钢尺量
	2	桩长	mm	＋500	测桩孔深度
	3	桩体干密度	设计要求		现场取样检查
	4	地基承载力	设计要求		按规定的方法
一般项目	1	土料有机质含量	%	≤5	焙烧法
	2	含水量(与最优含水量比)	%	±2	烘干法
	3	土料粒径	mm	≤20	筛分法
	4	水泥质量	设计要求		查产品质量合格证书或抽样送检
	5	桩位偏差	满堂布桩≤0.40D 条基布桩≤0.25D		用钢尺量,D 为桩径
	6	桩孔垂直度	%	≤1.5	用经纬仪测桩管
	7	褥垫层夯填度	≤0.9		用钢尺量

注:见表 2-23。

第 3 章

基础工程资料及范例

基础子分部工程应参考的标准及规范清单(含各分项工程)

《建筑工程施工质量验收统一标准》(GB 50300—2013)

《建筑地基基础工程施工规范》(GB 51004—2015)

《混凝土结构工程施工质量验收规范》(GB 50204—2015)

《建筑桩基技术规范》(JGJ 94—2008)

《建筑工程冬期施工规程》(JGJ 104—2011)

《混凝土质量控制标准》(GB 50164—2011)

《混凝土结构设计规范》(GB 50010—2010)

《混凝土外加剂》(GB 8076—2008)

《通用硅酸盐水泥》(GB 175—2007)

《混凝土外加剂应用技术规范》(GB 50119—2013)

《粉煤灰混凝土应用技术规范》(GB/T 50146—2014)

《用于水泥和混凝土中的粉煤灰》(GB/T 1596—2005)

《混凝土强度检验评定标准》(GB/T 50107—2010)

《普通混凝土拌合物性能试验方法标准》(GB/T 50080—2002)

《普通混凝土力学性能试验方法标准》(GB/T 50081—2002)

《普通混凝土用砂、石质量及检验方法标准》(JGJ 52—2006)

《砂浆、混凝土防水剂》(JC 474—2008)

《混凝土防冻剂》(JC 475—2004)

《喷射混凝土用速凝剂》(JC 477—2005)

《混凝土用水标准》(JGJ 63—2006)

《普通混凝土配合比设计规程》(JGJ 55—2011)

《建筑用砂》(GB/T 14684—2011)

《建筑用卵石、碎石》(GB/T 14685—2011)

《碳素结构钢》(GB 700—2006)

《钢筋混凝土用余热处理钢筋》(GB 13014—2013)

《钢筋混凝土用钢 第 1 部分:热轧光圆钢筋》(GB 1499.1—2008)

《钢筋混凝土用钢 第 2 部分:热轧带肋钢筋》(GB 1499.2—2007)

《钢筋混凝土用钢 第 3 部分:钢筋焊接网》(GB 1499.3—2010)

《冷轧带肋钢筋》(GB 13788—2008)

《低碳钢热轧圆盘条》(GB/T 701—2008)

《冷轧扭钢筋》(JGJ 190—2006)

《冷轧带肋钢筋混凝土结构技术规程》(JGJ 95—2011)

《冷轧扭钢筋混凝土构件技术规程》(JGJ 115—2006)

《钢筋焊接网混凝土结构技术规程》(JGJ 114—2014)

《钢筋机械连接通用技术规程》(JGJ 107—2010)

《钢筋焊接及验收规程》(JGJ 18—2012)

3.1　钢筋混凝土预制桩基础

3.1.1　钢筋混凝土预制桩基础工程资料列表

（1）勘察、测绘、设计文件

1）施工区域的地质勘察资料和工程附近管线建（构）筑物及其他公共设施的构造情况资料

2）桩基设计文件及图纸、补桩平面示意图

3）控制桩点的测量资料

（2）施工技术资料

1）工程技术文件报审表

2）钢筋混凝土预制桩基础施工方案

3）钢筋混凝土预制桩基础工程技术交底记录

4）设计变更、工程洽商记录

（3）施工物资资料

1）工程物资进场报验表

2）材料、构配件进场检验记录

3）钢筋混凝土预制桩基础出厂合格证

4）水泥、砂、石（现场预制时）、钢材等质量证明文件及试验报告

（4）施工记录

1）钢筋骨架隐蔽工程验收记录

2）工程定位测量记录（包括桩位测量放线图、标高引测）

3）试打桩记录

4）钢筋混凝土预制桩基础施工记录

5）现场预制时混凝土有关的施工记录（包括混凝土浇灌申请书、混凝土开盘鉴定、混凝土原材料称量记录、混凝土坍落度检查记录等）

6）接桩焊接检查记录

7）焊缝质量检查记录

（5）施工试验记录及检测报告

1）混凝土配合比申请单、通知单（现场预制时）

2）混凝土强度试验报告（标养、同条件）（现场预制时）

3）混凝土试块强度统计、评定记录（现场预制时）

4）桩检测报告

（6）施工质量验收记录

1）钢筋混凝土预制桩（钢筋骨架）检验批质量验收记录表（Ⅰ）

2）钢筋混凝土预制桩检验批质量验收记录（Ⅱ）

3）钢筋混凝土预制桩基础分项工程质量验收记录表

3.1.2 钢筋混凝土预制桩基础工程资料填写范例

混凝土试块试验报告

委托单位:××建设集团有限公司　　　　　　　　　　　　　　　　　试验编号:××

工程名称	××工程				委托日期	2015 年 7 月 14 日
结构部位	基础底板				报告日期	2015 年 8 月 11 日
强度等级	C10	试块边长 mm		150×150	检验类别	委托
配合比编号	15115305				养护方法	标养
试样编号	成型日期	破型日期	龄期 d	强度值 MPa	强度代表值 MPa	达设计强度 %
007	2015 年 7 月 12 日	2015 年 8 月 9 日	28	26.0 27.9 26.8	26.9	134

依据标准:

　　《混凝土强度检验评定标准》(GB/T 50107—2010)

检验结论:

　　符合《混凝土强度检验评定标准》(GB/T 50107—2010)的要求,合格。

备　　注:本报告未经本室书面同意不得部分复制

　　　　见证单位:××建设监理公司

　　　　见证人:×××

试验单位:××检测中心　　技术负责人:×××　　审核:×××　　试(检)验:×××

《混凝土试块试验报告》填写说明

混凝土试块试验报告是为保证建筑工程质量,由试验单位对工程中留置的混凝土试块的强度指标进行测试后出具的质量证明文件。

1. 责任部门

有资质检测单位提供,试验员收集。

2. 提交时限

标养 30d 内提交;同条件视龄期而定。

3. 填写要点

(1)委托单位:提请试验的单位。

(2)试验编号:由试验室按收到试件的顺序统一排列编号。

(3)工程名称及结构部位:按委托单上的工程名称及结构部位填写。

(4)试块边长:有 100、150、200mm 三种正方形。

(5)检验类别:有委托、仲裁、抽样、监督和对比五种,按实际填写。

(6)配合比编号:指生产该批混凝土所使用的混凝土强度委托试验单的编号。

(7)养护方法:指该组混凝土试件的养护方法,一般有:标养、蒸养、自然养护、同条件养护。

(8)试样编号:指该组混凝土试件的编号。

4. 检查要点

对涉及混凝土结构安全的重要部位应进行结构实体的混凝土强度检验。检验应在监理工程师(建设单位项目专业技术负责人)见证下,由施工项目技术负责人组织实施。对混凝土强度的检验,应以在混凝土浇筑地点制备并与结构实体同条件养护的试件强度为依据。

(1)按照《混凝土结构工程施工质量验收规范》(GB 50204)规定,应有 C20 以上每个强度等级的结构实体强度检验报告。

(2)承重结构的混凝土抗压强度试块,应按规定实行有见证取样和送检。

(3)结构混凝土出现不合格检验批的,或未按规定留置试块的,应有结构处理的相关资料;需要检测的,应有相应资质检测机构的检测报告,并有设计单位出具的认可文件。

(4)用于现浇结构构件混凝土质量的试块,应在混凝土浇筑地点随机取样制作,并在标准条件下养护,试件的留置应符合相应标准的规定。

(5)用于预制结构构件或施工期间有临时负荷时的混凝土试块,应采用与结构构件同条件养护。

(6)试验、审核、技术负责人签字齐全关并加盖试验单位公章。

5. 相关要求

(1)混凝土强度试件留置及组批原则。

1)普通混凝土试块留置:

①每拌制 100 盘且不超过 100m³ 的同配合比的混凝土,取样不得少于一次。

②每工作班拌制的同一配合比的混凝土不足 100 盘时,取样不得少于一次。

③当一次连续浇筑超过 1000m³ 时,同一配合比混凝土每 200m³ 混凝土取样不得少于一次。

④每一楼层,同一配合比的混凝土,取样不得少于一次。

⑤每次取样应至少留置一组标准养护试件,同条件养护试件的留置组数(如拆模前,拆除支

撑前等)应根据实际需要确定。

⑥冬期施工时,掺用外加剂的混凝土,还应留置与结构同条件养护的用以检验受冻临界强度试件及与结构同条件养护 28d,再标准养护 28d 的试件;未掺用外加剂的混凝土。应留置与结构同条件养护的用以检验受冻临界强度试件及解除冬期施工后转常温养护 28d 的同条件试件。

⑦用于结构实体检验的同条件养护试件留置应符合下列规定:对混凝土结构工程中的各混凝土强度等级,均应留置同条件养护试件;同一强度等级的同条件养护试件,其留置的数量应根据混凝土工程量和重要性确定,不宜少于 10 组,且不应少于 3 组。

⑧建筑地面工程的混凝土,以同一配合比,同一强度等级,每一层或每 1000m² 为一检验批,不足 1000m² 也按一批计。每批应至少留置一组试块。

2)抗渗混凝土试块留置:

①连续浇筑抗渗混凝土每 500m³ 应留置一组抗渗试件(一组为 6 个抗渗试件),且每项工程不得少于两组。采用预拌混凝土的抗渗试件,留置组数应视结构的规模和要求而定。混凝土的抗渗性能,应采用标准条件下养护混凝土抗渗试件的试验结果评定。

②冬季施工检验掺用防冻剂的混凝土抗渗性能,应增加留置与工程同条件养护 28d,再标准养护 28d 后进行抗渗试验的试件。

③留置抗渗试件的同时需留置抗压强度试件并应取自同一盘混凝土拌合物中。取样方法同普通混凝土,试块应在浇筑地点制作。

3)轻集料混凝土试块留置:

①抗压强度、稠度同普通混凝土

②混凝土干表观密度试验:连续生产的预制构件厂及预拌混凝土同配合比的混凝土每月不少于 4 次;单项工程每 100m³ 混凝土至少一次,不足 100m³ 也按 100m³ 计。

(2)结构实体检验用同条件养护试件的留置规定。

1)留置 ST 试件的结构部位为涉及混凝土结构安全的重要部位,这些结构部位应由监理(建设)、施工等方共同选定。一般仅限于涉及混凝土结构安全的柱、墙、梁等结构构件。通常选择同类构件中跨度较大,负荷较大的构件。而底板和顶板混凝土一般不考虑,因为在施工中养护条件(温度和湿度)容易保证。

2)重要部位的每一强度等级的混凝土,均应留置结构实体同条件混凝土试件。同一强度等级留置数量依据混凝土量和结构重要性确定,但不宜少于 10 组,且最少不应少于 3 组。

3)ST 试件在浇筑地点制作,并做到完全与结构实体同条件养护,即要求放置在相应结构构件或结构部位的适当位置,要求试压前的养护条件始终与结构一致。

(3)其他要求。

1)同条件养护试件应在达到等效养护龄期时进行强度试验。

2)同条件自然养护试件的等效养护龄期及相应的试件强度代表值,宜根据当地的气温和养护条件,按下列规定确定:

①等效养护龄期可取按日平均温度逐日累计达到 600℃·d 时所对应的龄期,0℃及以下的龄期不计入;等效养护龄期不应小于 14d,也不宜大于 60d。

②同条件养护试件的强度代表值应根据强度试验结果,按现行国家标准《混凝土强度检验评定标准》(GB/T 50107—2010)的规定确定后,乘折算系数取用;折算系数宜取为 1.10,也可根据当地的试验统计结果作适当调整。

混凝土试块强度统计、评定记录

工程名称	××综合楼工程		编　号	×××
			强度等级	C35
施工单位	××建设集团有限公司××项目经理部		养护方法	标准养护
统计期	2015 年 4 月 7 日　至 2015 年 6 月 26 日		结构部位	一～五层柱、墙、顶板后浇带

试块组 n	强度标准值 $f_{cu,k}$ （MPa）		平均值 $m_{f_{cu}}$ （MPa）		标准差 $S_{f_{cu}}$ （MPa）		最小值 $f_{cu,min}$ （MPa）		合格评定系数	
									λ_1	λ_2
21	35		41.88		3.01		35.9		0.95	0.85

每组强度值（Mpa）	40.1	43.5	42.8	42.1	41.7	42.9	38.1	43.8	48.4	35.9
	42.2	38.8	42.6	43.2	45.4	37.2	38.8	42.8	42.9	40.2
	46									

评定界限	☑统计方法			☐非统计方法	
	$f_{cu,k}$	$f_{cu,k}+\lambda_1 \cdot S_{f_{cu}}$	$\lambda_2 \cdot f_{cu,k}$	$\lambda_3 \cdot f_{cu,k}$	$\lambda_4 \cdot f_{cu,k}$
	35	37.86	29.75		
判定式	$m_{f_{cu}} \geqslant f_{cu,k}+\lambda_1 \cdot S_{f_{cu}}$		$f_{cu,min} \geqslant \lambda_2 \cdot f_{cu,k}$	$m_{f_{cu}} \geqslant \lambda_3 \cdot f_{cu,k}$	$f_{cu,min} \geqslant \lambda_4 \cdot f_{cu,k}$
结果	41.88＞37.86		35.9＞29.75		

结论：

　　依据《混凝土强度检验评定标准》（GB/T 50107－2010）要求，该批混凝土强度评定为合格。

签字栏	专业技术负责人	专业监理工程师
	王××	刘××

《混凝土试块强度统计、评定记录》填写说明

1. 责任部门

施工单位项目质量部、项目专业技术负责人,项目监理机构专业监理工程师等。

2. 提交时限

同一验收批报告齐全后评定,混凝土分项质量验收前 1d 提交。

3. 填写要点

(1)确定单位工程中需统计评定的混凝土验收批,找出所有同一强度等级的各组试件强度值,分别填入表中。

(2)填写所有已知项目。

(3)分别计算出该批混凝土试件的强度平均值、标准差,找出合格评定系数和混凝土试件强度最小值填入表中。

(4)计算出各评定数据并对混凝土试件强度进行评定,结论填入表中。

(5)凡按《混凝土强度检验评定标准》进行强度统计达不到要求的,应有结构处理措施,需要检测的,应经法定检测单位检测并应征得设计部门认可。检测、处理资料应存档。

4. 相关要求

(1)一般要求

1)对混凝土强度的检验,其试块应在混凝土浇筑地点制作,并分别以标准养护和同条件养护的试块强度为依据。

2)当未能取得同条件养护试块强度或同条件养护试块强度被判为不合格时,应委托具有相应资质等级的检测机构进行检测。

(2)统计方法评定

1)采用统计方法评定时,应按下列规定进行:

①当连续生产的混凝土,生产条件在较长时间内保持一致,且同一品种、同一强度等级混凝土的强度变异性保持稳定时,应按本项“2)”的规定进行评定。

②其他情况应按本项“3)”的规定进行评定。

2)一个检验批的样本容量应为连续的 3 组试件,其强度应同时符合下式规定:

$$m_{f_{cu}} \geqslant f_{cu,k} + 0.7\sigma_0$$

$$f_{cu,min} \geqslant f_{cu,k} - 0.7\sigma_0$$

检验批混凝土立方体抗压强度的标准差应按下式计算:

$$\sigma_0 = \sqrt{\frac{\sum_{i=1}^{n} f_{cu,i}^2 - nm_{f_{cu}}^2}{n-1}}$$

当混凝土强度等级不高于 C20 时,其强度的最小值尚应满足下式要求:

$$f_{cu,min} \geqslant 0.85 f_{cu,k}$$

当混凝土强度等级高于 C20 时,其强度的最小值尚应满足下式要求:

$$f_{cu,min} \geqslant 0.90 f_{cu,k}$$

式中:$m_{f_{cu}}$——同一检验批混凝土立方体抗压强度的平均值(N/mm^2),精确到 0.1 (N/mm^2);

$f_{cu,k}$——混凝土立方体抗压强度标准值(N/mm^2),精确到 0.1(N/mm^2);

σ_0——检验批混凝土立方体抗压强度的标准差(N/mm²),精确到 0.01(N/mm²);当检验批混凝土强度标准差 σ_0 计算值小于 2.5N/mm² 时,应取 2.5N/mm²;

$f_{cu,i}$——前一个检验期内同一品种、同一强度等级的第 i 组混凝土试件的立方体抗压强度代表值(N/mm²),精确到 0.1(N/mm²);该检验期不应少于 60d,也不得大于 90d;

n——前一检验期内的样本容量,在该期间内样本容量不应小于 45;

$f_{cu,min}$——同一检验批混凝土立方体抗压强度的最小值(N/mm²),精确到 0.1(N/mm²)。

3)当样本容量不少于 10 组时,其强度应同时满足下式要求:

$$m_{f_{cu}} \geqslant f_{cu,k} + \lambda_1 \cdot S_{f_{cu}}$$

$$f_{cu,min} \geqslant \lambda_2 \cdot f_{cu,k}$$

同一检验批混凝土立方体抗压强度的标准差应按下式计算:

$$S_{f_{cu}} = \sqrt{\frac{\sum_{i=1}^{n} f_{cu,i}^2 - n m_{f_{cu}}^2}{n-1}}$$

式中:$S_{f_{cu}}$——同一检验批混凝土立方体抗压强度的标准差(N/mm²),精确到 0.01(N/mm²);当检验批混凝土强度标准差 $S_{f_{cu}}$ 计算值小于 2.5N/mm² 时,应取 2.5N/mm²;

λ_1,λ_2——合格评定系数,按表 3-1 取用;

n——本检验期内的样本容量。

表 3-1　　　　　　　　　　　　　混凝土强度的合格评定系数

试件组数	10~14	15~19	≥20
λ_1	1.15	1.05	0.95
λ_2	0.90	0.85	

(3)非统计方法评定

1)当用于评定的样本容量小于 10 组时,应采用非统计方法评定混凝土强度。

2)按非统计方法评定混凝土强度时,其强度应同时符合下式规定:

$$m_{f_{cu}} \geqslant \lambda_3 \cdot f_{cu,k}$$

$$f_{cu,min} \geqslant \lambda_4 \cdot f_{cu,k}$$

式中:λ_3,λ_4——合格评定系数。

混凝土强度等级<C60 时:$\lambda_3=1.15,\lambda_4=0.95$;

混凝土强度等级≥C60 时:$\lambda_3=1.10,\lambda_4=0.95$。

(4)混凝土强度的合格性评定

1)当检验结果满足上述(1)或(2)项的规定时,则该批混凝土强度应评定为合格;当不能满足上述规定时,该批混凝土强度应评定为不合格。

2)对评定为不合格批的混凝土,可按国家现行的有关标准进行处理。

试成桩试验报告

工程名称		编　号	
		试桩日期	
总包单位		试桩数量	
分包单位		桩基类型	
桩机型号		桩规格	
施工图号		±0.00 标高	

试桩记要(可加附页):

工程桩控制标准:

签字公章栏	施工单位(公章)	勘察单位(公章)	设计单位(公章)	监理单位(公章)	建设单位(公章)
	项目负责人:	项目负责人:	项目负责人:	项目负责人:	项目负责人:
	年 月 日	年 月 日	年 月 日	年 月 日	年 月 日

锤击预制桩施工检查记录

工程名称	××综合楼工程		编 号	×××
			施工日期	××年××月××日
桩锤重量	80kg		施工图号	结施－5
自然地面标高	－1.50m	设计贯入度 3.8cm/10击	接桩形式	焊接

序号	桩位号	桩规格	设计桩顶标高	实际桩顶标高	桩垂直度％	实际贯入度
1	B15－2	Φ400	－2.0m	－2.1m	0.3％	3.6cm/10击
…						

签字栏	分包单位	××基础工程有限公司	专业技术负责人	专业质检员
			梁××	乔××
	总包单位	××建设集团有限公司	专业技术负责人	专业质检员
			王××	李××
	监理单位	××工程建设监理有限公司	专业监理工程师	刘××

一册在手 表格全有 贴近现场 资料无忧

《锤击预制桩施工检查记录》填写说明

一、填写依据

《建筑地基基础工程施工质量验收规范》GB 50202;

二、表格解析

1 责任部门

总包/分包单位项目专业技术负责人、专业质检员,项目监理机构专业监理工程师等。

2. 相关要求

(1)沉桩前必须处理空中和地下障碍物,场地应平整,排水应畅通,并应满足打桩所需的地面承载力。

(2)桩锤的选用应根据地质条件、桩型、桩的密集程度、单桩竖向承载力及现有施工条件等因素确定,也可按《建筑桩基技术规范》JGJ 94 附录 H 选用。

(3)桩打入时应符合下列规定:

1)桩帽或送桩帽与桩周围的间隙应为 5mm～10mm;

2)锤与桩帽、桩帽与桩之间应加设硬木、麻袋、草垫等弹性衬垫;

3)桩锤、桩帽或送桩帽应和桩身在同一中心线上;

4)桩插入时的垂直度偏差不得超过 0.5%。

(4)打桩顺序要求应符合下列规定:

1)对于密集桩群,自中间向两个方向或四周对称施打;

2)当一侧毗邻建筑物时,由毗邻建筑物处向另一方向施打;

3)根据基础的设计标高,宜先深后浅;

4)根据桩的规格,宜先大后小,先长后短。

(5)打入桩(预制混凝土方桩、预应力混凝土空心桩、钢桩)的桩位偏差,应符合表 3-2 的规定。斜桩倾斜度的偏差不得大于倾斜角正切值的 15%(倾斜角系桩的纵向中心线与铅垂线间夹角)。

表 3-2　　　　　　　　　　　　　打入桩桩位的允许偏差(mm)

项　目	允许偏差
带有基础梁的桩:(1)垂直基础梁的中心线 (2)沿基础梁的中心线	$100+0.01H$ $150+0.01H$
桩数为 1～3 根桩基中的桩	100
桩数为 4～16 根桩基中的桩	1/2桩径或边长
桩数大于 16 根桩基中的桩:(1)最外边的桩 (2)中间桩	1/3桩径或边长 1/2桩径或边长

注:H 为施工现场地面标高与桩顶设计标高的距离。

(6)桩终止锤击的控制应符合下列规定:

1)当桩端位于一般土层时,应以控制桩端设计标高为主,贯入度为辅;

2)桩端达到坚硬、硬塑的黏性土、中密以上粉土、砂土、碎石类土及风化岩时,应以贯入度控制为主,桩端标高为辅;

3)贯入度已达到设计要求而桩端标高未达到时,应继续锤击 3 阵,并按每阵 10 击的贯入度不应大于设计规定的数值确认,必要时,施工控制贯入度应通过试验确定。

(7)当遇到贯入度剧变,桩身突然发生倾斜、位移或有严重回弹、桩顶或桩身出现严重裂缝、破碎等情况时,应暂停打桩,并分析原因,采取相应措施。

(8)当采用射水法沉桩时,应符合下列规定:

1)射水法沉桩宜用于砂土和碎石土;

2)沉桩至最后 1m～2m 时,应停止射水,并采用锤击至规定标高,终锤控制标准可按第(6)项有关规定执行。

(9)施打大面积密集桩群时,可采取下列辅助措施:

1)对预钻孔沉桩,预钻孔孔径可比桩径(或方桩对角线)小 50～100mm,深度可根据桩距和土的密实度、渗透性确定,宜为桩长的 1/3～1/2;施工时应随钻随打;桩架宜具备钻孔锤击双重性能;

2)对饱和黏性土地基,应设置袋装砂井或塑料排水板。袋装砂井直径宜为 70mm～80mm,间距宜为 1.0m～1.5m,深度宜为 10m～12m;塑料排水板的深度、间距与袋装砂井相同;

3)应设置隔离板桩或地下连续墙;

4)可开挖地面防震沟,并可与其他措施结合使用。防震沟沟宽可取 0.5～0.8m,深度按土质情况决定;

5)应限制打桩速率;

6)沉桩结束后,宜普遍实施一次复打;

7)沉桩过程中应加强邻近建筑物、地下管线等的观测、监护。

(10)预应力混凝土管桩的总锤击数及最后 1.0m 沉桩锤击数应根据桩身强度和当地工程经验确定。

(11)锤击沉桩送桩应符合下列规定:

1)送桩深度不宜大于 2.0m;

2)当桩顶打至接近地面需要送桩时,应测出桩的垂直度并检查桩顶质量,合格后应及时送桩;

3)送桩的最后贯入度应参考相同条件下不送桩时的最后贯入度并修正;

4)送桩后遗留的桩孔应立即回填或覆盖。

5)当送桩深度超过 2.0m 且不大于 6.0m 时,打桩机应为三点支撑履带自行式或步履式柴油打桩机;桩帽和桩锤之间应用竖纹硬木或盘圆层叠的钢丝绳作"锤垫",其厚度宜取 150mm～200mm。

(12)送桩器及衬垫设置应符合下列规定:

1)送桩器宜做成圆筒形,并应有足够的强度、刚度和耐打性。送桩器长度应满足送桩深度的要求,弯曲度不得大于 1/1000;

2)送桩器上下两端面应平整,且与送桩器中心轴线相垂直;

3)送桩器下端面应开孔,使空心桩内腔与外界连通;

4)送桩器应与桩匹配。套筒式送桩器下端的套筒深度宜取 250mm～350mm,套管内径应比桩外径大 20mm～30mm,插销式送桩器下端的插销长度宜取 200mm～300mm,杆销外径应比(管)桩内径小 20mm～30mm。对于腔内存有余浆的管桩,不宜采用插销式送桩器;

5)送桩作业时,送桩器与桩头之间应设置 1～2 层麻袋或硬纸板等衬垫。内填弹性衬垫压实后的厚度不宜小于 60mm。

(13)施工现场应配备桩身垂直度观测仪器(长条水准尺或经纬仪)和观测人员,随时量测桩身的垂直度。

静压预制桩施工检查记录

工程名称		××综合楼工程		编　号		×××
				施工日期		2015 年 7 月 21 日
桩机型号		ZYJ－800		施工图号		结施－5
自然地面标高	－1.500m	设计终压值	1260kN	接桩形式		焊接

序号	桩位号	桩规格	设计桩顶标高	实际桩顶标高	桩垂直度%	实际终压值
1	B3－1	Φ800	－2.600m	－2.600m	0.5%	1262.3kN
2	B3－3	Φ800	－2.600m	－2.550m	0.5%	1272.5kN

签字栏	分包单位	××基础工程有限公司	专业技术负责人	专业质检员
			梁××	乔××
	总包单位	××建设集团有限公司	专业技术负责人	专业质检员
			王××	李××
	监理单位	××工程建设监理有限公司	专业监理工程师	刘××

一册在手 表格全有 贴近现场 资料无忧

《静压预制桩施工检查记录》填写说明

一、填写依据

《建筑地基基础工程施工质量验收规范》GB 50202；

二、表格解析

1. 责任部门

总包/分包单位项目专业技术负责人、专业质检员,项目监理机构专业监理工程师等。

2. 相关要求

(1)采用静压沉桩时,场地地基承载力不应小于压桩机接地压强的1.2倍,且场地应平整。

(2)静力压桩宜选择液压式和绳索式压桩工艺;宜根据单节桩的长度选用顶压式液压压桩机和抱压式液压压桩机。

(3)选择压桩机的参数应包括下列内容:

1)压桩机型号、桩机质量(不含配重)、最大压桩力等;

2)压桩机的外型尺寸及拖运尺寸;

3)压桩机的最小边桩距及最大压桩力;

4)长、短船型履靴的接地压强;

5)夹持机构的型式;

6)液压油缸的数量、直径,率定后的压力表读数与压桩力的对应关系;

7)吊桩机构的性能及吊桩能力。

(4)压桩机的每件配重必须用量具核实,并将其质量标记在该件配重的外露表面;液压式压桩机的最大压桩力应取压桩机的机架重量和配重之和乘以0.9。

(5)当边桩空位不能满足中置式压桩机施压条件时,宜利用压边桩机构或选用前置式液压压桩机进行压桩,但此时应估计最大压桩能力减少造成的影响。

(6)当设计要求或施工需要采用引孔法压桩时,应配备螺旋钻孔机,或在压桩机上配备专用的螺旋钻。当桩端需进入较坚硬的岩层时,应配备可入岩的钻孔桩机或冲孔桩机。

(7)最大压桩力不得小于设计的单桩竖向极限承载力标准值,必要时可由现场试验确定。

(8)静力压桩施工的质量控制应符合下列规定:

1)第一节桩下压时垂直度偏差不应大于0.5%;

2)宜将每根桩一次性连续压到底,且最后一节有效桩长不宜小于5m;

3)抱压力不应大于桩身允许侧向压力的1.1倍。

(9)终压条件应符合下列规定:

1)应根据现场试压桩的试验结果确定终压力标准;

2)终压连续复压次数应根据桩长及地质条件等因素确定。对于入土深度大于或等于8m的桩,复压次数可为2～3次;对于入土深度小于8m的桩,复压次数可为3～5次;

3)稳压压桩力不得小于终压力,稳定压桩的时间宜为5～10s。

(10)压桩顺序宜根据场地工程地质条件确定,并应符合下列规定:

1)对于场地地层中局部含砂、碎石、卵石时,宜先对该区域进行压桩;

2)当持力层埋深或桩的入土深度差别较大时,宜先施压长桩后施压短桩。

(11)压桩过程中应测量桩身的垂直度。当桩身垂直度偏差大于1%的时,应找出原因并设法纠正;当桩尖进入较硬土层后,严禁用移动机架等方法强行纠偏。

(12) 出现下列情况之一时,应暂停压桩作业,并分析原因,采用相应措施:

1)压力表读数显示情况与勘察报告中的土层性质明显不符;

2)桩难以穿越硬夹层;

3)实际桩长与设计桩长相差较大;

4)出现异常响声;压桩机械工作状态出现异常;

5)桩身出现纵向裂缝和桩头混凝土出现剥落等异常现象;

6)夹持机构打滑;

7)压桩机下陷。

(13)静压送桩的质量控制应符合下列规定:

1)测量桩的垂直度并检查桩头质量,合格后方可送桩,压桩、送桩作业应连续进行;

2)送桩应采用专制钢质送桩器,不得将工程桩用作送桩器;

3)当场地上多数桩的有效桩长 L 小于或等于 15m 或桩端持力层为风化软质岩,需要复压时,送桩深度不宜超过 1.5m;

4)除满足上述"3)"规定外,当桩的垂直度偏差小于 1%,且桩的有效桩长大于 15m 时,静压桩送桩深度不宜超过 8m;

5)送桩的最大压桩力不宜超过桩身允许抱压压桩力的 1.1 倍。

(14)引孔压桩法质量控制应符合下列规定:

1)引孔宜采用螺旋钻干作业法;引孔的垂直度偏差不宜大于 0.5%;

2)引孔作业和压桩作业应连续进行,间隔时间不宜大于 12h;在软土地基中不宜大于 3h;

3)引孔中有积水时,宜采用开口型桩尖。

(15)当桩较密集,或地基为饱和淤泥、淤泥质土及黏性土时,应设置塑料排水板、袋装砂井消减超孔压或采取引孔等措施。在压桩施工过程中应对总桩数 10% 的桩设置上涌和水平偏位观测点,定时检测桩的上浮量及桩顶水平偏位值,若上涌和偏位值较大,应采取复压等措施。

钢筋混凝土预制桩施工记录

施工单位 ××建设集团有限公司 工程名称 ××大厦

施工班组 ××桩机班 桩的规格 J2Hb－230－1010A

桩锤类型及冲击部分重量 32,7.2t 自然地面标高 ±0.60m

桩帽重量 100kg 气候 晴 15℃ 桩顶设计标高 －1.15m

桩号	打桩日期	桩入土每米锤击次数																							落距 (mm)	桩顶高出或低于设计标高 (m)	最后贯入度 (mm/10击)
		1	2	3	4	5	6	7	8	9	10	11	12	13	14	15	16	17	18	19	20	21	22	23	24			
1	15.2.10	2	3	4	5	8	10	12	12	15	17	17	19	21	24	24	27									150	+0.30	5
2	15.2.10	3	2	3	6	10	9	13	14	14	16	17	18	20	23	26	28									150	+0.30	6
3	15.2.10	2	3	4	6	9	11	10	14	15	16	17	20	19	24	26	27									150	+0.25	6
4	15.2.10	3	3	4	7	8	10	12	13	14	16	18	19	21	22	27	28									150	+0.30	5
5	15.2.10	3	3	4	6	12	13	14	17	19	20	20	25	27	28											150	+0.25	5
6	15.2.11	2	3	4	8	10	11	9	14	19	22	23	26	28												150	+0.25	7
7	15.2.11	2	2	4	8	11	12	13	16	17	17	19	24	27	28											150	0.30	6
8	15.2.11	2	3	3	7	10	12	12	14	14	17	18	20	20	25	28	28									150	0.20	5
9	15.2.11	3	2	5	8	9	11	11	12	15	16	16	21	21	23	27	28									150	0.20	5
10	15.2.11	3	3	5	6	10	12	12	13	18	18	21	26	27												150	0.30	6
11	15.2.12	3	2	4	5	9	12	12	13	17	17	21	20	24	25	27										150	0.25	6
12	15.2.12	2	3	6	6	8	11	12	13	14	16	20	19	25	26	27										150	+0.25	6
13	15.2.12	2	2	5	5	7	11	12	14	19	22	24	26	28												150	+0.20	5

备注	

签字栏	监理(建设)单位	施工单位		
		专业技术负责人	质检员	记录人
	×××	×××	×××	×××

注:打桩过程中如有异常情况记录在备注栏内。

钢筋混凝土预制桩（钢筋骨架）检验批质量验收记录

（Ⅰ）

01020701_____001

单位（子单位）工程名称		××大厦	分部（子分部）工程名称		地基与基础/基础	分项工程名称	钢筋混凝土预制桩基础
施工单位		××建筑有限公司	项目负责人		赵斌	检验批容量	100根
分包单位		/	分包单位项目负责人		/	检验批部位	1～7/A～C轴桩基
施工依据		《建筑桩基技术规范》JGJ94-2008	验收依据			《建筑地基基础工程施工质量验收规范》GB50202-2002	

		验收项目	设计要求及规范规定	最小/实际抽样数量	检查记录	检查结果
主控项目	1	主筋距桩顶距离(mm)	±5	10/10	抽查10根，合格10根	√
	2	多节桩锚固钢筋位置(mm)	5	10/10	抽查10根，合格10根	√
	3	多节桩预埋铁件(mm)	±3	10/10	抽查10根，合格10根	√
	4	主筋保护层厚度(mm)	±5	10/10	抽查10根，合格10根	√
一般项目	1	主筋间距(mm)	±5	10/10	抽查10根，合格10根	100%
	2	桩尖中心线(mm)	10	10/10	抽查10根，合格10根	100%
	3	箍筋间距(mm)	±20	10/10	抽查10根，合格10根	100%
	4	桩顶钢筋网片(mm)	±10	10/10	抽查10根，合格10根	100%
	5	多节桩锚固钢筋长度(mm)	±10	10/10	抽查10根，合格10根	100%

施工单位检查结果	符合要求 专业工长：王乐乐 项目专业质量检查员：赖保收 2014年××月××日
监理单位验收结论	合格 专业监理工程师：刘东 2014年××月××日

《钢筋混凝土预制桩(钢筋骨架)检验批质量验收记录》填写说明

1. 填写依据

(1)《建筑地基基础工程施工质量验收规范》GB 50202－2002。

(2)《建筑工程施工质量验收统一标准》GB 50300－2013。

2. 规范摘要

以下内容摘录自《建筑地基基础工程施工质量验收规范》GB 50202－2002。

验收要求

(1)一般规定

1)桩位的放样允许偏差如下:

群桩:20mm;

单排桩:10mm。

2)桩基工程的桩位验收,除设计有规定外,应按下述要求进行:

①当桩顶设计标高与施工场地标高相同时,或桩基施工结束后,有可能对桩位进行检查时,桩基工程的验收应在施工结束后进行。

②当桩顶设计标高低于施工场地标高,送桩后无法对桩位进行检查时,对打入桩可在每根桩桩顶沉至场地标高时,进行中间验收,待全部桩施工结束,承台或底板开挖到设计标高后,再做最终验收。对灌注桩可对护筒位置做中间验收。

3)打(压)入桩(预制混凝土方桩、先张法预应力管桩、钢桩)的桩位偏差,必须符合表3-3的规定。斜桩倾斜度的偏差不得大于倾斜角正切值的15％(倾斜角系桩的纵向中心线与铅垂线间夹角)。

表 3-3   预制桩(钢桩)桩位的允许偏差(mm)

项	项目	允许偏差
1	盖有基础梁的桩: (1)垂直基础梁的中心线 (2)沿基础梁的中心线	$100+0.01H$ $150+0.01H$
2	桩数为1～3根桩基中的桩	100
3	桩数为4～16根桩基中的桩	1/2桩径或边长
4	桩数大于16根桩基中的桩: (1)最外边的桩 (2)中间桩	1/3桩径或边长 1/2桩径或边长

注:H为施工现场地面标高与桩顶设计标高的距离。

4)灌注桩的桩位偏差必须符合表3-4的规定,桩顶标高至少要比设计标高高出0.5m,桩底清孔质量按不同的成桩工艺有不同的要求,应按本章的各节要求执行。每浇筑50m³ 必须有1组试件,小于50m³ 的桩,每根桩必须有1组试件。

5)工程桩应进行承载力检验。对于地基基础设计等级为甲级或地质条件复杂,成桩质量可靠性低的灌注桩,应采用静载荷试验的方法进行检验,检验桩数不应少于总数的1％,且不应少于3根,当总桩数少于50根时,不应少于2根。

表 3-4   灌注桩的平面位置和垂直度的允许偏差

序号	成孔方法		桩径允许偏差（mm）	垂直度允许偏差（%）	桩位允许偏差（mm）	
					1~3根、单排桩基垂直于中心线方向和群桩基础的边桩	条形桩基沿中心线方向和群桩基础的中间桩
1	泥浆护壁灌注桩	$D \leqslant 1000mm$	±50	<1	$D/6$，且不大于100	$D/4$，且不大于150
		$D > 1000mm$	±50		$100 + 0.01H$	$150 + 0.01H$
2	套管成孔灌注桩	$D \leqslant 500mm$	−20	<1	70	150
		$D > 500mm$			100	150
3	干成孔灌注桩		−20	<1	70	150
4	人工挖空桩	混凝土护壁	+50	<0.5	50	150
		钢套管护壁	+50	<1	100	200

注：1 桩径允许偏差的负值是指个别断面。

　　2 采用复打、反插法施工的桩，其桩径允许偏差不受上表限制。

　　3 H 为施工现场地面标高与桩顶设计标高的距离，D 为设计桩径。

6）桩身质量应进行检验。对设计等级为甲级或地质条件复杂、成桩质量可靠性低的灌注桩，抽检数量不应少于总数的 30%，且不应少于 20 根；其他桩基工程的抽检数量不应少于总数的 20%，且不应少于 10 根；对混凝土预制桩及地下水位以上且终孔后经过核验的灌注桩，检验数量不应少于总桩数的 10%，且不得少于 10 根。每个柱子承台下不得少于 1 根。

7）对砂、石子、钢材、水泥等原材料的质量、检验项目、批量和检验方法，应符合国家现行标准的规定。

8）除本规范第 5.1.5、5.1.6 条规定的主控项目外，其他主控项目应全部检查，对一般项目，除已明确规定外，其他可按 20% 抽查，但混凝土灌注桩应全部检查。

（2）混凝土预制桩

1）桩在现场预制时，应对原材料、钢筋骨架（见表 3-5）、混凝土强度进行检查；采用工厂生产的成品桩时，桩进场后应进行外观及尺寸检查。

表 3-5   预制桩钢筋骨架质量检验标准（mm）

项	序	检查项目	允许偏差或允许值	检查方法
主控项目	1	主筋距桩顶距离	±5	用钢尺量
	2	多节桩锚固钢筋位置	5	用钢尺量
	3	多节桩预埋铁件	±3	用钢尺量
	4	主筋保护层厚度	±5	用钢尺量
一般项目	1	主筋间距	±5	用钢尺量
	2	桩尖中心线	10	用钢尺量
	3	箍筋间距	±20	用钢尺量
	4	桩顶钢筋网片	±10	用钢尺量
	5	多节桩锚固钢筋长度	±10	用钢尺量

2)施工中应对桩体垂直度、沉桩情况、桩顶完整状况、接桩质量等进行检查,对电焊接桩,重要工程应做 10% 的焊缝探伤检查。

3)施工结束后,应对承载力及桩体质量做检验。

4)对长桩或总链击数超过 500 击的链击桩,应符合桩体强度及 28d 龄期的两项条件才能链击。

5)钢筋混凝土预制桩的质量检验标准应符合表 3-6 的规定。

表 3-6　　　　　　　　　　　　　钢筋混凝土预制桩的质量检验标准

项	序	检查项目	允许偏差或允许值		检查方法
			单位	数值	
主控项目	1	桩体质量检验	按基桩检测技术规范		按基桩检测技术规范
	2	桩位偏差	见 GB 50202—2002 5.1.3 条		用钢尺量
	3	承载力	按基桩检测技术规范		按基桩检测技术规范
一般项目	1	砂、石、水泥、钢材等原材料（现场预制时）	符合设计要求		查出厂质保文件或抽样送检
	2	混凝土配合比及强度（现场预制时）	符合设计要求		检查称量及查试块记录
	3	成品桩外形	表面平整,颜色均匀,掉角深度 <10mm,蜂窝面积小于总面积 0.5%		直观
	4	成品桩裂缝(收缩裂缝或起吊、装运、堆放引起的裂缝)	深度<20mm,宽度<0.25mm,横向裂缝不超过边长的一半		裂缝测定仪,该项在地下水有侵蚀地区及锤击数超过 500 击的长桩不适用
	5	成品桩尺寸:横截面边长	mm	±5	用钢尺量
		桩顶对角线差	mm	<10	用钢尺量
		桩尖中心线	mm	<10	用钢尺量
		桩身弯曲矢高		<1/1000l	用钢尺量,l 为桩长
		桩顶平整度	mm	<2	用水平尺量
	6	电焊接桩:焊缝质量	见本规范表 5.5.4—2		见 GB 50202—2002 5.5.4—2 条
		电焊结束后停歇时间	min	>1.0	秒表测定
		上下节平面偏差	mm	<10	用钢尺量
		节点弯曲矢高	mm	<1/1000l	用钢尺量,l 为两节桩长
	7	硫磺胶泥接桩:胶泥浇筑时间	min	<2	秒表测定
		浇筑后停歇时间	min	>7	秒表测定
	8	桩顶标高	mm	±50	水准仪
	9	停锤标准	设计要求		现场实测或查沉桩记录

钢筋混凝土预制桩检验批质量验收记录

（Ⅱ）　　　　　　　　　　　　　　01020702_001_

单位（子单位）工程名称		××大厦	分部（子分部）工程名称	地基与基础/基础	分项工程名称	钢筋混凝土预制桩基础
施工单位		××建筑有限公司	项目负责人	赵斌	检验批容量	100 根
分包单位		/	分包单位项目负责人	/	检验批部位	1～7/A～C 轴桩基
施工依据		《建筑桩基技术规范》JGJ94-2008		验收依据	《建筑地基基础工程施工质量验收规范》GB50202-2002	

		验收项目	设计要求及规范规定	最小/实际抽样数量	检查记录	检查结果
主控项目	1	桩体质量检验	设计要求	/	检验合格，报告编号×××	√
	2	桩位偏差	见本规范表 5.1.3	10/10	抽查 10 根，合格 10 根	√
	3	承载力	设计要求	/	检验合格，报告编号×××	√
一般项目	1	砂、石、水泥、钢材等原材料(现场预制时)	设计要求	/	质量证明文件齐全，通过进场验收	√
	2	混凝土配合比及强度(现场预制时)	设计要求	/	检验合格，报告编号×××	√
	3	成品桩外形	表面平整，颜色均匀，掉角深度<10mm，蜂窝面积小于总面积 0.5%	10/10	抽查 10 根，合格 10 根	100%
	4	成品桩裂缝(收缩裂缝或起吊、装运、堆放引起的裂缝)	深度<20mm，宽度<0.25mm，横向裂缝不超过边长的一半	10/10	抽查 10 根，合格 10 根	100%
	5	成品尺寸	—	/	/	
		横截面边长(mm)	±5	10/10	抽查 10 根，合格 10 根	100%
		桩顶对角线差(mm)	<10	10/10	抽查 10 根，合格 10 根	100%
		桩尖中心线(mm)	<10	10/10	抽查 10 根，合格 10 根	100%
		桩身弯曲矢高	<1/1000L(L=2000mm)	10/10	抽查 10 根，合格 10 根	100%
		桩顶平整度(mm)	<2	10/10	抽查 10 根，合格 10 根	100%
	6	电焊接桩：焊缝质量	见本规范表 5.5.4-2			
		电焊结束后停歇时间	>1.0min			
		上下节平面偏差	<10			
		节点弯曲矢高	<1/1000L(L=＿＿mm)			
	7	硫磺胶泥接桩：胶泥浇注时间	<2min			
		浇注后停歇时间	>7min			
	8	桩顶标高(mm)	±50	10/10	抽查 10 根，合格 10 根	100%
	9	停锤标准	设计要求	/	试验合格，报告编号×××	√

施工单位检查结果	符合要求 专业工长：王东兴 郝除政 项目专业质量检查员： 2014 年××月××日
监理单位验收结论	合格 专业监理工程师：刘东 2014 年××月××日

《钢筋混凝土预制桩检验批质量验收记录》填写说明

1. 填写依据

(1)《建筑地基基础工程施工质量验收规范》GB 50202—2002。

(2)《建筑工程施工质量验收统一标准》GB 50300—2013。

2. 规范摘要

以下内容摘录自《建筑地基基础工程施工质量验收规范》GB 50202—2002。

验收要求

一般规定、混凝土预制桩参见"钢筋混凝土预制桩(钢筋骨架)检验批质量验收记录"验收要求的相关内容。

<u>钢筋混凝土预制桩</u> 分项工程质量验收记录表

单位(子单位)工程名称	××工程	结构类型	全现浇剪力墙
分部(子分部)工程名称	桩基	检验批数	4
施工单位	××建设工程有限公司	项目经理	×××
分包单位	/	分包项目经理	/

序号	检验批名称及部位、区段	施工单位检查评定结果	监理(建设)单位验收结论
1	基础①~⑦/Ⓐ~Ⓖ轴	√	
2	基础⑦~⑬/Ⓐ~Ⓖ轴	√	
3	基础⑬~⑳/Ⓐ~Ⓖ轴	√	
4	基础⑳~㉕/Ⓐ~Ⓖ轴	√	
			验收合格

说明:

检查结论	基础①~㉕/Ⓐ~Ⓖ轴钢筋混凝土预制桩施工质量符合《建筑地基基础工程施工质量验收规范》(GB 50202—2002)的规定,钢筋混凝土预制桩分项工程合格。 项目专业技术负责人:××× 2015 年×月×日	验收结论	同意施工单位检查结论,验收合格。 监理工程师:××× (建设单位项目专业技术负责人) 2015 年×月×日

注:地基基础、主体结构工程的分项工程质量验收不填写"分包单位"、"分包项目经理"。

3.2　泥浆护壁成孔灌注桩基础

3.2.1　泥浆护壁成孔灌注桩工程资料列表

(1)勘察、测绘、设计文件

1)工程地质勘察报告、水文地质勘察报告

2)建筑场地地下管线图和毗邻区域内的市政管线及建(构)筑物的调查资料

3)设计文件及图纸、补桩平面示意图

(2)施工技术资料

1)工程技术文件报审表

2)混凝土灌注桩施工方案

3)泥浆护壁钻(冲)孔灌注桩技术交底记录

4)图纸会审、设计变更、工程洽商记录

(3)施工物资资料

1)工程物资进场报验表

2)材料、构配件进场检验记录

3)水泥、砂、石、外加剂(现场搅拌)、钢筋等质量证明文件及复试报告(现场搅拌)

4)预拌混凝土出厂合格证(采用预拌混凝土时)

5)预拌混凝土运输单(采用预拌混凝土时)

(4)施工记录

1)隐蔽工程验收记录

2)桩位测量放线及复核记录

3)泥浆护壁成孔灌注桩施工记录

①钻(挖)孔灌注桩成孔质量检查记录

②冲(钻)孔桩施工记录

③冲(钻)孔桩施工记录汇总表

④水下混凝土灌注记录汇总表

⑤泥浆制作及质量检查记录

6)混凝土有关的施工记录(混凝土浇灌申请、开盘鉴定等)

(5)施工试验记录及检测报告

1)混凝土灌注桩试成孔试验记录

2)单桩承载力检验报告

3)基桩低应变动测报告

4)钢筋连接试验报告

5)混凝土有关的施工试验记录(混凝土配合比通知单、抗压强度报告等)

(6)施工质量验收记录

1)混凝土灌注桩(钢筋笼)检验批质量验收记录(Ⅰ)

2)混凝土灌注桩检验批质量验收记录(Ⅱ)

3)锚杆分项工程质量验收记录表

3.2.2 泥浆护壁成孔灌注桩基础工程资料填写范例

隐蔽工程检查记录		编 号	×××

工程名称	××工程		
隐检项目	混凝土灌注桩钢筋笼	隐检日期	×年×月×日
隐检部位	基础 ①～③/Ⓐ～Ⓖ轴 －1.600m 标高		

隐检依据:施工图图号　　结－4、地质勘察报告 D2005－14 号　　,设计变更/洽商(编号　　/　　)及有关国家现行标准等。

主要材料名称及规格/型号:　　HRB335、Φ20

隐检内容:

1. 成孔:孔径 Φ1000mm,施工孔深 31.80m,桩顶标高－1.60m。

2. 钢筋笼制作:笼径 900mm,笼长 26.80m,主筋 18Φ20,加劲箍 Φ18@2000mm,箍筋加密区 Φ10@100mm,非加密区 Φ10@200mm,十字支撑 Φ22@4000mm,吊筋 4Φ18×5.98m。

3. 钢筋笼主筋采用焊接连接,双面搭接焊 5d。

申报人:×××

检查意见:

经检查,以上项目均符合设计要求及《建筑地基基础工程施工质量验收规范》(GB 50202－2002)的规定。

检查结论:　　☑同意隐蔽　　□不同意,修改后进行复查

复查结论:

复查人:　　　　　　　　　　　　　　　　　　　　复查日期:

签字栏	建设(监理)单位	施工单位	××建设集团有限公司	
		专业技术负责人	专业质检员	专业工长
	×××	×××	×××	×××

本表由施工单位填写,建设单位、施工单位、城建档案馆各保存一份。

钻(挖)孔灌注桩成孔质量检查记录

工程名称	××大厦	施工日期	2015 年×月×日
施工单位	××基础工程有限公司	桩　号	18♯(D＝1000mm)

序号	项目	质量检验值		备注
		设计要求或规范规定	实测值	
1	孔位中心(mm)	≤100	25	
2	孔径(mm)	±50	＋20	
3	垂直度(%)	＜1	0.30	
4	孔底沉渣厚度(mm)	≤50	25	
5	孔底标高(mm)	≤300	20	
6	扩大头尺寸(m)	/	/	
7	清孔后泥浆比重	1.15～1.20	1.16	
8	桩端进入持力层情况	≥设计值(500mm)	600mm	

施工单位	项目技术负责人	施工员	监理(建设)单位	监理工程师(建设单位项目专业技术负责人)
	×××	×××		×××

冲(钻)孔桩施工记录

共×页　第13页

工程名称	××大厦	施工单位	××建筑工程公司	机型机号	CZ—60—4#	桩号	118#
冲(钻)孔	始 11月15日 6:00时 终 15日 10:00时	灌注砼	始 11月15日 19:00时 终 20:40时	安放钢筋笼	始 10:45时 终 13:20时		

序号	地层名称	孔深(m)	每次灌注水泥数量(包)	导管插入砼深度(m)	提升导管长度(m)	安放钢筋笼		施工说明
						笼径	笼长	
						900mm	36.82m	
1	杂填土	0.00~2.80	/	6	2	说明:		(1)本工程±0.00相对于罗零8.20m;
2	淤泥	2.80~15.20	/	6	2	主筋:	18Φ20×36.82m	(2)钢筋笼主筋采用直螺纹套筒连接;
3	砾砂	15.20~19.80	/	10	5	加劲箍:	Φ18@2000m	(3)灌注砼前泥浆比重为1.15;
4	淤泥质土	19.80~22.30	/	10	5	箍筋加密区:	Φ10@100mm×5m	(4)桩身砼采用泵送商品砼;
5	圆砾	22.30~24.90	/	10	5	非加密区:	φ10@200mm×(36.82-5.8)m	(5)施工桩长=施工有效桩长+砼超灌高度(1.5D:D为设计桩径);
6	粉质粘土	24.90~26.50	/	10	6	十字支撑:	Φ22@4000mm	(6)空孔回填砂。
7	卵石	26.50~33.40	/	10	6	吊筋:	4Φ18×5.98m	
8	强风化花岗岩(砂土)	33.40~38.20	/		8			
9	强风化花岗岩(碎块)	38.20~40.95	/		7			
10	中风化花岗岩	40.95~41.80	/	2				

施工孔深	41.80m			实际灌注水泥数量(包)	210			
设计桩径(mm)	Φ1000	导管内径(mm)		施工地面标高(相对标高)	−1.719	砼配合比		
实际桩径(mm)	Φ1030	下导管长度(m)	43	设计桩顶标高	−7.50			
理论砼方量(m³)	29.49	设计砼强度	C35	设计桩长(m)	41.0	水	190kg	
实际砼方量(m³)	31.26	水泥品种	海螺	施工桩长=有效桩长+砼超灌高度	37.57=36.07+1.5	水泥+掺合料	385+57.75kg	
充盈系数	1.06	水泥厂家	宁国水泥厂	砼超灌高度(mm)	200	外加剂	/	
						砂	719kg	
孔底沉渣(mm)	40	水泥强度	P.O 42.5R	试块编号	118#	碎石	1035kg	

注: 40.95~41.30(为斜截面进入中风化花岗岩); 41.30~41.80(为全截面进入中风化花岗岩0.50m)。

施工单位	项目技术负责人 ××× 施工员 ×××	监理(建设)单位	监理工程师 (建设单位项目专业技术负责人) ×××

冲(钻)孔桩施工记录汇总表

共×页 第1页

工程名称			××大厦							
施工单位			××建筑工程有限公司				总桩数		62 根	
序号	桩号	施工日期 月 日	实际桩径 (mm)	实际桩长 (m)	设计桩径 (mm)	设计桩长 (m)	沉渣厚度 (m)	充盈系数	钢筋笼长度 (m)	理论砼量 (m³)
1	K1	15.1.9～11	841	11.52	800	11	3	1.11	11.41	5.79
2	K2	15.1.11～13	846	8.90	800	11	2	1.12	8.79	4.47
3	K3	15.1.14～16	847	8.07	800	11	2	1.12	7.96	4.05
4	K4	15.1.17～18	836	6.36	800	11	3	1.11	6.25	3.20
5	K5	15.1.1～2	842	7.90	800	11	2	1.11	7.85	3.97
6	K6	15.12.29～31	842	9.00	800	11	2	1.11	8.95	4.52
7	K7	15.1.14～15	1147	6.79	1100	11	2	1.12	6.68	6.45
8	K8	15.1.4～6	1143	5.09	1100	11	3	1.11	4.98	4.83
9	K9	15.1.12～13	1146	5.07	1100	11	2	1.12	4.96	4.82
10	K10	15.1.7～10	1046	12.01	1000	11	3	1.12	11.41	9.43
11	K11	15.1.19～19	835	4.20	800	11	3	1.13	4.09	2.11
12	K12	15.1.20～20	836	3.82	800	11	2	1.12	3.71	1.92
13	K13	15.1.21～22	843	3.60	800	11	2	1.11	3.49	1.81
14	K14	15.1.23～23	1047	5.76	1000	11	3	1.11	5.65	4.52
15	K15	15.1.3～5	934	7.34	900	11	2	1.11	7.241	4.67
16	K16	15.1.17～18	1034	3.94	1000	11	2	1.11	3.83	3.09
17	K17	15.1.5～8	945	6.62	900	11	2	1.11	6.51	4.21
18	K18	15.1.18～20	1035	2.91	1000	11	2	1.12	2.80	2.28
19	K19	15.1.15～16	1043	5.82	1000	11	3	1.11	5.71	4.57
20	K20	15.1.20～21	1138	3.64	1100	11	2	1.13	3.53	3.46
21	K21	15.1.12～13	845	5.23	800	11	3	1.11	5.12	2.63
22	K22	15.1.15～16	942	9.65	900	11	3	1.12	9.54	6.14

施工单位	项目技术负责人		施 工 员	监理 (建设)单位	监理工程师 (建设单位项目专业技术负责人)
	×××		×××		×××

一册在手 表格全有 贴近现场 资料无忧

水下混凝土灌注记录汇总表

共×页　第 1 页

工程名称	××大厦						
施工单位	××建筑工程公司			砼强度等级	C30		
配合比	水泥：水：砂：石：外加剂　1.00：0.56：2.22：3.14：0.02			隔水栓类型	I 型		

桩位编号	桩孔直径 (mm)	桩孔深度 (m)	灌注日期 (月日时~月日时)	灌注时间 (min)	导管总长 (m)	导管底口距孔成高(m)	导管埋入砼深度 (m)	设计灌注砼量 (m³)	实际灌注砼量 (m³)	砼灌注充盈系数	坍落度 (cm)	钢筋笼直径 (cm)	钢筋笼长度 (m)	地面标高 (m)	砼灌注长度 (m)	桩顶标高 (m)	施工情况说明
1#	1000	39.50	8月10日 08:00~10:00	120	39.0	0.50	3	29.44	32.97	1.12	19	900	38.30	−1.20	37.50	−3.20	正常
2#	1000	40.0	8月11日 09:00~11:00	120	40.0	0.50	3	29.83	34.30	1.15	18	900	38.80	−1.20	38.0	−3.20	正常
3#	1000	40.50	8月11日 14:00~16:00	120	40.0	0.50	3	29.44	32.97	1.12	19	900	39.30	−1.20	38.50	−3.20	正常
4#	1000	40.0	8月12日 09:00~11:00	120	40.0	0.50	3	29.83	34.30	1.15	18	900	38.80	−1.20	38.0	−3.20	正常
5#	1000	39.50	8月13日 08:00~10:00	120	39.0	0.50	3	29.44	32.97	1.12	19	900	38.30	−1.20	37.50	−3.20	正常
6#	1000	40.0	8月14日 09:00~11:00	120	40.0	0.50	3	29.83	34.30	1.15	18	900	38.80	−1.20	38.0	−3.20	正常
7#	1000	40.50	8月14日 14:00~16:00	120	40.0	0.50	3	29.44	32.97	1.12	19	900	39.30	−1.20	38.50	−3.20	正常
8#	1000	40.0	8月15日 09:00~11:00	120	40.0	0.50	3	29.83	34.30	1.15	18	900	38.80	−1.20	38.0	−3.20	正常
9#	1000	40.0	8月16日 09:00~11:00	120	40.0	0.50	3	29.83	34.30	1.15	18	900	38.80	−1.20	38.0	−3.20	正常
10#	1000	39.50	8月17日 09:00~11:00	120	39.0	0.50	3	29.44	32.97	1.12	19	900	38.30	−1.20	37.50	−3.20	正常
11#	1000	40.0	8月18日 09:00~11:00	120	40.0	0.50	3	29.83	34.30	1.15	18	900	38.80	−1.20	38.0	−3.20	正常

施工单位			监理(建设)单位	
项目技术负责人 ×××	质检员 ×××	监理员 ×××	监理工程师 ×××	监理工程师项目专业技术负责人 ×××（建设单位项目专业技术负责人）

混凝土灌注桩（钢筋笼）检验批质量验收记录

（Ⅰ）

01020801___001

单位（子单位）工程名称	××大厦	分部（子分部）工程名称	地基与基础/基础	分项工程名称	泥浆护壁成孔灌注桩基础
施工单位	××建筑有限公司	项目负责人	赵斌	检验批容量	30 根
分包单位	/	分包单位项目负责人	/	检验批部位	1～7/A～C 轴桩基
施工依据	《建筑桩基技术规范》JGJ94-2008		验收依据	《建筑地基基础工程施工质量验收规范》GB50202-2002	

		验收项目	设计要求及规范规定	最小/实际抽样数量	检查记录	检查结果
主控项目	1	主筋间距(mm)	±10	全/30	共 30 处，全部检查，合格 30 处	√
	2	长度(mm)	±100	全/30	共 30 处，全部检查，合格 30 处	√
一般项目	1	钢筋材质检验	设计要求	/	检验合格，报告编号××××	√
	2	箍筋间距(mm)	±20	全/30	共 30 处，全部检查，合格 30 处	100%
	3	直径(mm)	±10	全/30	共 30 处，全部检查，合格 30 处	100%
施工单位检查结果	符合要求 专业工长： 项目专业质量检查员： 2014 年××月××日					
监理单位验收结论	合格 专业监理工程师： 2014 年××月××日					

《混凝土灌注桩(钢筋笼)检验批质量验收记录》填写说明

1. 填写依据

(1)《建筑地基基础工程施工质量验收规范》GB 50202－2002。

(2)《建筑工程施工质量验收统一标准》GB 50300－2013。

2. 规范摘要

以下内容摘录自《建筑地基基础工程施工质量验收规范》GB 50202－2002。

验收要求

(1)一般规定参见"钢筋混凝土预制桩(钢筋骨架)检验批质量验收记录"验收要求的相关内容。

(2)混凝土灌注桩

1)施工前应对水泥、砂、石子(如现场搅拌)、钢材等原材料进行检查,对施工组织设计中制定的施工顺序、监测手段(包括仪器、方法)也应检查。

2)施工中应对成孔、清渣、放置钢筋笼、灌注混凝土等进行全过程检查,人工挖孔桩尚应复验孔底持力层土(岩)性。嵌岩桩必须有桩端持力层的岩性报告。

3)施工结束后,应检查混凝土强度,并应做桩体质量及承载力的检验。

4)混凝土灌注桩的质量检验标准应符合表3-7、表3-8的规定。

表 3-7   混凝土灌注桩钢筋笼质量检验标准   (单位:mm)

项	序	检查项目	允许偏差或允许值	检查方法
主控项目	1	主筋间距	±10	用钢尺量
	2	长度	±100	用钢尺量
一般项目	1	钢筋材质检验	符合设计要求	抽样送验
	2	箍筋间距	±20	用钢尺量
	3	直径	±10	用钢尺量

表 3-8   混凝土灌注桩质量检验标准

项	序	检查项目	允许偏差或允许值		检查方法
			单位	数值	
主控项目	1	桩位	见表3-7		基坑开挖前量护筒,开挖后量桩中心
	2	孔深/mm	+300		只深不浅,用重锤测,或测钻杆、套管长度,嵌岩桩应确保进入设计要求的嵌岩深度
	3	桩体质量检验	按基桩检测技术规范。如钻芯取样,大直径嵌岩桩应钻至桩尖下50cm		按基桩检测技术规范
	4	混凝土强度	符合设计要求		试件报告或钻芯取样送检
	5	承载力	按基桩检测技术规范		按基桩检测技术规范

项	序	检查项目	允许偏差或允许值		检查方法
			单位	数值	
一般项目	1	垂直度	见表 3-7		测套管或钻杆,或用超声波探测,干施工时吊垂球
	2	桩径	见表 3-7		井径仪或超声波检测,干施工时用钢尺量,人工挖孔桩不包括内衬厚度
	3	泥浆比重(黏土或砂性土中)	1.15~1.20		用比重计测,清孔后在距孔底 50cm 处取样
	4	泥浆面标高(高于地下水位)/m	0.5~1.0		目测
	5	沉渣厚度	端承桩/mm	≤50	用沉渣仪或重锤测量
			摩擦桩/mm	≤150	
	6	混凝土坍落度	水下灌注/mm	160~220	坍落度仪检测
			干施工/mm	70~100	
	7	钢筋笼安装深度/mm	±100		用钢尺量
	8	混凝土充盈系数	>1		检查每根桩的实际灌注量
	9	桩顶标高/mm	+30 −50		水准仪,需扣除桩顶浮浆层及劣质桩体

5)人工挖孔桩、嵌岩桩的质量检验应按本节执行。

混凝土灌注桩检验批质量验收记录

(Ⅱ)

01020802　002

单位(子单位) 工程名称	××大厦		分部(子分部) 工程名称	地基与基础/基础	分项工程名称	泥浆护壁成孔灌 注桩基础
施工单位	××建筑有限公司		项目负责人	赵斌	检验批容量	30根
分包单位	/		分包单位项目负责人	/	检验批部位	1~7/A~C轴桩基
施工依据	《建筑桩基技术规范》JGJ94-2008			验收依据	《建筑地基基础工程施工质量验收规范》 GB50202-2002	

		验收项目		设计要求及规范 规定	最小/实际抽样 数量	检查记录	检查结果
主控项目	1	桩位		见本规范表5.1.4	全/30	共30处,全部检查, 合格30处	√
	2	孔深(mm)		+300	全/30	共30处,全部检查, 合格30处	√
	3	桩体质量检验		设计要求	/	检验合格,资料齐全。	√
	4	混凝土强度		设计要求C30	/	试验合格,报告编号××××	√
	5	承载力		设计要求	/	检验合格,资料齐全, 报告编号××××	√
一般项目	1	垂直度		见本规范表5.1.4	全/30	共30处,全部检查, 合格30处	100%
	2	桩径		见本规范表5.1.4	全/30	共30处,全部检查, 合格30处	100%
	3	泥浆比重(黏土或砂性土中)		1.15~1.20	全/30	共30处,全部检查, 合格30处	100%
	4	泥浆面标高(高于地下水位)(m)		0.5~1.0	全/30	共30处,全部检查, 合格30处	100%
	5	沉渣厚度	端承桩(mm)	≤50	全/30	共30处,全部检查, 合格30处	100%
			摩擦桩(mm)	≤150	/	/	
	6	混凝土坍落度	水下灌注(mm)	160~220	全/30	共30处,全部检查, 合格30处	100%
			干施工(mm)	70~100	/	/	
	7	钢筋笼安装深度(mm)		±100	全/30	共30处,全部检查, 合格30处	100%
	8	混凝土充盈系数		>1	全/30	共30处,全部检查, 合格30处	100%
	9	桩顶标高(mm)		+30,-50	全/30	共30处,全部检查, 合格30处	100%

施工单位 检查结果	符合要求 专业工长: 项目专业质量检查员: 2014年××月××日
监理单位 验收结论	合格 专业监理工程师: 2014年××月××日

《混凝土灌注桩检验批质量验收记录》填写说明

1. 填写依据

(1)《建筑地基基础工程施工质量验收规范》GB 50202—2002。

(2)《建筑工程施工质量验收统一标准》GB 50300—2013。

2. 规范摘要

一般规定、混凝土预制桩参见"钢筋混凝土预制桩(钢筋骨架)检验批质量验收记录"验收要求的相关内容。

3.3 干作业成孔桩基础

3.3.1 干作业成孔桩工程资料列表

(1)勘察、测绘、设计文件

1)工程地质勘察报告、水文地质勘察报告

2)建筑场地地下管线图和毗邻区域内的市政管线及建(构)筑物的调查资料

3)设计文件及图纸、补桩平面示意图

(2)施工技术资料

1)工程技术文件报审表

2)混凝土灌注桩施工方案

3)图纸会审、设计变更、工程洽商记录

(3)施工物资资料

1)工程物资进场报验表

2)材料、构配件进场检验记录

3)水泥、砂、石、外加剂(现场搅拌)、钢筋等质量证明文件及复试报告(现场搅拌)

4)预拌混凝土出厂合格证(采用预拌混凝土时)

5)预拌混凝土运输单(采用预拌混凝土时)

(4)施工记录

1)隐蔽工程验收记录

2)桩位测量放线及复核记录

3)干作业成孔灌注桩施工记录

4)混凝土有关的施工记录(混凝土浇灌申请、开盘鉴定等)

(5)施工试验记录及检测报告

1)混凝土灌注桩试成孔试验记录

2)单桩承载力检验报告

3)基桩低应变动测报告

4)钢筋连接试验报告

5)混凝土有关的施工试验记录(混凝土配合比通知单、抗压强度报告等)

(6)施工质量验收记录

1)混凝土灌注桩(钢筋笼)工程检验批质量验收记录表

2)混凝土灌注桩检验批质量验收记录

3)干作业成孔桩基础分项工程质量验收记录表

3.3.2 干作业成孔桩基础工程资料填写范例

人工挖孔灌注桩施工检查记录

工程名称	××大厦工程	编　　号	×××
		挖孔日期	2015 年×月×日
桩号、桩径	1♯ Φ1000	灌注日期	2015 年×月×日
自然地面标高(m)	7.30	实测桩长(m)	10
设计桩顶标高(m)	6.20	充盈系数	1.15
进入持力层深度	0.300m	试块编号	001
护壁简述	厚度 250mm,配筋 φ10@150×1000,C25		
桩底沉渣、积水情况	无沉渣、积水		

桩体剖面图:(标注:土质层变化高度、持力层土质与设计是否相符、扩大头尺寸、钢筋的直径、间距和长度、混凝土强度等级、桩底和柱顶高程等)

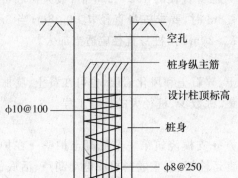

桩身剖面

空孔
桩身纵主筋
设计柱顶标高
φ10@100
桩身
φ8@250

地质状简图

孔口标高
①杂填土
②(粉质)黏土
③淤泥质土
④砂(粉)质黏土
⑤粉(砂)质黏土
⑥残积砂质粘性土
⑦强风化花岗岩

签字栏	分包单位	××基础工程有限公司	专业技术负责人	专业质检员
			梁××	乔××
	总包单位	××建设集团有限公司	专业技术负责人	专业质检员
			王××	李××
	监理单位	××工程建设监理有限公司	专业监理工程师	刘××

《人工挖孔灌注桩施工检查记录》填写说明

人工挖孔灌注桩是指桩孔采用人工挖掘方法进行成孔,然后安放钢筋笼,浇筑混凝土而成的桩。

一、填写依据

《建筑地基基础工程施工质量验收规范》GB 50202;

二、表格解析

1. 责任部门

总包/分包单位项目专业技术负责人、专业质检员,项目监理机构专业监理工程师等。

2. 相关要求

(1)人工挖孔灌注桩的特点

为了确保人工挖孔桩施工过程中的安全,施工时必须考虑预防孔壁坍塌和流沙现象发生,制定合理的护壁措施。护壁方法可以采用现浇混凝土护壁、喷射混凝土护壁、砖砌体护壁、沉井护壁、钢套管护壁、型钢或木板桩工具式护壁等多种。

人工挖孔灌注桩的特点是:成孔机具简单,人工挖掘,便于检查孔壁和孔底,可以核实桩端持力层的土质情况;孔底虚土能清除彻底,施工质量便于保证;桩径和桩长可随地层及承载力的情况灵活调整;桩端可以人工扩大,能获得较高的承载力;人工挖孔桩的桩身直径一般为800mm～2000mm,最大直径可达3500mm,扩底直径一般为桩身直径的1.3～2.5倍,最大扩底可达8m;挖孔桩的孔深一般不宜超过30m,特别当桩长$L \leqslant 8m$时,要求桩身直径$d \geqslant 0.8m$;当$8m < L \leqslant 15m$,$d \geqslant 1.0m$;当$15m < L \leqslant 20m$,$d \geqslant 1.2m$;当$L > 20m$时,桩身直径应适当加大。

(2)人工挖孔灌注桩适用范围

适用于地下水位以上的填土、黏土、粉土、砂土、碎石土和风化岩层,也可在黄土、膨胀土和冻土中使用。特别适用于场地狭窄、邻近建筑物密集、桩数少、桩径大的桩基工程。

(3)人工挖孔灌注桩的施工程序

场地整平→放线、定桩位→挖第一节桩孔土方→支模浇筑第一节混凝土护壁→在护壁上二次投测标高及桩位十字轴线→安装活动井盖、垂直运输架、起重卷扬机或电动葫芦、活底吊土桶、排水、通风、照明设施等→第二节桩身挖土→清理桩孔四壁、校核桩孔垂直度和直径→拆上节模板,支第二节模板,浇筑第二节混凝土护壁→重复第二节挖土、支模、浇筑混凝土护壁工序,循环作业直至设计深度→进行扩底(当需扩底时)→清理虚土、排除积水,检查尺寸和持力层→吊放钢筋笼就位→浇筑桩身混凝土。

(4)人工挖孔桩混凝土护壁的厚度不应小于100mm,混凝土强度等级不应低于桩身混凝土强度等级,并应振捣密实;护壁应配置直径不小于8mm的构造钢筋,竖向筋应上下搭接或拉接。

(2)填土应从场地最低处开始,由下而上整个宽度分层铺填。每层虚铺厚度应根据夯实机械确定,一般情况下每层虚铺厚度见表3-9。

表3-9　　　　　　　　　　　填土施工分层厚度及压实遍数

压实机具	分层厚度(mm)	每层压实遍数(次)
平碾	250～300	6～8
振动压实机	250～350	3～4

压实机具	分层厚度(mm)	每层压实遍数(次)
柴油打夯机	200～250	3～4
人工打夯	＜200	3～4

(3)填方应在相对两侧或周围同时进行回填和夯实。

(4)填土应尽量采用同类土填筑,填方的密实度要求和质量指标通常以压实系数表示。压实系数为土的控制(实际)干土密度与最大干土密度的比值。最大干土密度是当最优含水量时,通过标准的击实方法确定的。填土应控制土的压实系数满足设计要求。

干作业成孔灌注桩施工记录

施工单位 ××建设集团有限公司　　　　　　工程名称 ××大厦

施工班组 ××班组　　　　　　　　　　　　气　候 晴 23℃

钻机类型 ZKL 800BB　　　　　　　　　　设计桩顶标高 −7.200m

设计桩径 φ800mm　　　　　　　　　　　自然地面标高 −1.000m

日期	桩号	持力层标高(m)	钻孔深度(m)	进入持力层深度(m)	第一次测孔			第二次测孔			混凝土灌注		钻孔总用时间(min)	出现情况			备注
					孔深(m)	虚土(mm)	进水(mm)	孔深(m)	虚土(mm)	进水(mm)	实际(m³)	计算(m³)		坍孔	缩径	进水	
15.10.1	20#	−25.15	24.15	5	24.10	5	20	24.05	10	30	24.4	20.35	40	无			
15.10.1	21#	−25.15	24.15	5	24.05	10	20	24.00	15	30	23.8	20.35	30	无			
15.10.2	22#	−25.15	24.15	5	24.05	10	20	24.00	15	30	23.9	20.35	20	无			
15.10.2	23#	−25.15	24.15	5	24.05	5	15	24.05	10	25	24.0	20.35	30	无			
15.10.3	31#	−25.15	24.15	5	24.05	5	15	24.05	10	30	24.2	20.35	30	无			
15.10.3	34#	−25.15	24.15	5	24.05	10	20	24.00	15	30	24.3	20.35	30	无			
15.10.4	37#	−25.15	24.15	5	24.05	5	20	24.05	10	30	24.4	20.35	40	无			
15.10.4	41#	−25.15	24.15	5	24.05	10	15	24.00	15	30	24.5	20.35	30	无			

签字栏	监理(建设)单位	施工单位		
		专业技术负责人	专业质检员	记录人
	×××	×××	×××	×××

混凝土灌注桩（钢筋笼）检验批质量验收记录

（I）

01020801___001

单位（子单位）工程名称	××大厦	分部（子分部）工程名称	地基与基础/基础	分项工程名称	干作业成孔桩基础基础
施工单位	××建筑有限公司	项目负责人	赵斌	检验批容量	30根
分包单位	/	分包单位项目负责人	/	检验批部位	1～5/D～H轴桩基础
施工依据	《建筑桩基技术规范》JGJ94-2008		验收依据	《建筑地基基础工程施工质量验收规范》GB50202-2002	

		验收项目	设计要求及规范规定	最小/实际抽样数量	检查记录	检查结果
主控项目	1	主筋间距(mm)	±10	全/30	共30处，全部检查，合格30处	√
	2	长度(mm)	±100	全/30	共30处，全部检查，合格30处	√
一般项目	1	钢筋材质检验	设计要求	/	检验合格，报告编号××××	√
	2	箍筋间距(mm)	±20	全/30	共30处，全部检查，合格30处	100%
	3	直径(mm)	±10	全/30	共30处，全部检查，合格30处	100%

施工单位检查结果	符合要求 专业工长： 项目专业质量检查员： 2014年××月××日
监理单位验收结论	合格 专业监理工程师： 2014年××月××日

混凝土灌注桩检验批质量验收记录

(Ⅱ)

01020802 __002__

单位(子单位) 工程名称		××大厦	分部(子分部) 工程名称	地基与基础/基础	分项工程名称	干作业成孔桩基础 基础
施工单位		××建筑有限公司	项目负责人	赵斌	检验批容量	30根
分包单位		/	分包单位项目负责人	/	检验批部位	1~5/D~H轴 桩基础
施工依据		《建筑桩基技术规范》JGJ94-2008		验收依据	《建筑地基基础工程施工质量验收规范》 GB50202-2002	

		验收项目		设计要求及规范 规定	最小/实际抽样 数量	检查记录	检查结果
主控项目	1	桩位		见本规范表5.1.4	全/30	共30处,全部检查, 合格30处	√
	2	孔深(mm)		+300	全/30	共30处,全部检查, 合格30处	√
	3	桩体质量检验		设计要求	/	检验合格,资料齐全。	√
	4	混凝土强度		设计要求C30	/	试验合格,报告编号××××	√
	5	承载力		设计要求	/	检验合格,资料齐全, 报告编号××××	√
一般项目	1	垂直度		见本规范表5.1.4	全/30	共30处,全部检查, 合格30处	100%
	2	桩径		见本规范表5.1.4	全/30	共30处,全部检查, 合格30处	100%
	3	泥浆比重(黏土或砂性土中)		1.15~1.20	全/30	共30处,全部检查, 合格30处	100%
	4	泥浆面标高(高于地下水位)(m)		0.5~1.0	全/30	共30处,全部检查, 合格30处	100%
	5	沉渣厚度	端承桩(mm)	≤50	全/30	共30处,全部检查, 合格30处	100%
			摩擦桩(mm)	≤150	/		
	6	混凝土坍落度	水下灌注(mm)	160~220	全/30	共30处,全部检查, 合格30处	100%
			干施工(mm)	70~100	/		
	7	钢筋笼安装深度(mm)		±100	全/30	共30处,全部检查, 合格30处	100%
	8	混凝土充盈系数		>1	全/30	共30处,全部检查, 合格30处	100%
	9	桩顶标高(mm)		+30,-50	全/30	共30处,全部检查, 合格30处	100%

施工单位 检查结果	符合要求 专业工长: 项目专业质量检查员: 2014年××月××日
监理单位 验收结论	合格 专业监理工程师: 2014年××月××日

3.4　长螺旋钻孔压灌桩基础

3.4.1　长螺旋钻孔压灌桩工程资料列表

(1)勘察、测绘、设计文件

1)工程地质勘察报告、水文地质勘察报告

2)建筑场地地下管线图和毗邻区域内的市政管线及建(构)筑物的调查资料

3)设计文件及图纸、补桩平面示意图

(2)施工技术资料

1)工程技术文件报审表

2)混凝土灌注桩施工方案

3)长螺旋钻成孔灌注桩工程技术交底记录

4)图纸会审、设计变更、工程洽商记录

(3)施工物资资料

1)工程物资进场报验表

2)材料、构配件进场检验记录

3)水泥、砂、石、外加剂(现场搅拌)、钢筋等质量证明文件及复试报告(现场搅拌)

4)预拌混凝土出厂合格证(采用预拌混凝土时)

5)预拌混凝土运输单(采用预拌混凝土时)

(4)施工记录

1)隐蔽工程验收记录

2)桩位测量放线及复核记录

3)混凝土有关的施工记录(混凝土浇灌申请、开盘鉴定等)

(5)施工试验记录及检测报告

1)混凝土灌注桩试成孔试验记录

2)单桩承载力检验报告

3)基桩低应变动测报告

4)钢筋连接试验报告

5)混凝土有关的施工试验记录(混凝土配合比通知单、抗压强度报告等)

(6)施工质量验收记录

1)混凝土灌注桩(钢筋笼)工程检验批质量验收记录表

2)混凝土灌注桩检验批质量验收记录

3)长螺旋钻孔压灌桩基础分项工程质量验收记录表

3.4.2 长螺旋钻孔压灌桩基础工程资料填写范例

灌注桩施工检查记录

工程名称		××综合楼工程			编 号		×××	
					施工日期		2015 年 6 月 12 日	
桩机型号		旋挖钻机 SR 200C			施工图号		结施—2、结施—4	
钢筋规格		主筋Φ28;加强筋Φ20;箍筋 φ8			箍筋间距		100/200mm	
自然地面标高		−0.45m	混凝土强度	C25	设计贯入度		10cm	
序号	桩位号	桩规格	实际桩长	设计桩顶标高	实际桩顶标高	混凝土充盈系数%	桩垂直度%	实际贯入度
1	B2—1	Φ1.2m	12.5m	−0.50m	−0.55m	110	0.5%	/
签字栏	分包单位	××基础工程有限公司			专业技术负责人		专业质检员	
					梁××		乔××	
	总包单位	××建设集团有限公司			专业技术负责人		专业质检员	
					王××		李××	
	监理单位	××工程建设监理有限公司			专业监理工程师		刘××	

《灌注桩施工检查记录》填写说明

　　钢筋混凝土灌注桩是一种直接在现场桩位上就地成孔,然后在孔内浇筑混凝土或安放钢筋笼再浇筑混凝土而成的桩。

　　一、填写依据

　　《建筑地基基础工程施工质量验收规范》GB 50202;

　　二、表格解析

　　1. 责任部门

　　总包/分包单位项目专业技术负责人、专业质检员,项目监理机构专业监理工程师等。

　　2. 相关要求

　　灌注桩按其成孔方法不同,可分为钻孔灌注桩、沉管灌注桩、人工挖孔和挖孔扩底灌注桩等。

　　(1)钻孔灌注桩

　　钻孔灌注桩是指利用钻孔机械钻出桩孔,并在孔中浇筑混凝土(或先在孔中吊放钢筋笼)而成的桩。根据工程的不同性质、地下水位情况及工程土质性质,钻孔灌注桩有冲击钻成孔灌注桩、回转钻成孔灌注桩、潜水电钻成孔灌注桩及钻孔压浆灌注桩等。除钻孔压浆灌注桩外,其他三种均为泥浆护壁钻孔灌注桩。

　　1)泥浆护壁钻孔灌注桩施工,在冲孔时应随时测定和控制泥浆密度,如遇较好土层可采取自成泥浆护壁。

　　2)灌注桩的质量检验应较其他桩种严格,因此,现场施工对监测手段要事先落实。

　　3)灌注桩的沉渣厚度应在钢筋笼放入后,混凝土浇筑前测定,成孔结束后,放钢筋笼、混凝土导管都会造成土体跌落,增加沉渣厚度。因此,沉渣厚度应是二次清孔后的结果。沉渣厚度的检查目前均用重锤,但因人为因素影响很大,应专人负责,用专一的重锤,有些地方用较先进的沉渣仪,这种仪器应预先做标定。

　　(2)沉管灌注桩

　　沉管灌注桩是指利用锤击打桩法或振动打桩法,将带有活瓣式桩尖或预制钢筋混凝土桩靴的钢套管沉入土中,然后边浇筑混凝土(或先在管内放入钢筋笼)边锤击或边振动边拔管而成的桩。前者称为锤击沉管灌注桩及套管夯扩灌注桩,后者称为振动沉管灌注桩。

　　1)锤击沉管灌注桩劳动强度大,要特别注意安全。该种施工方法适于在黏性土、淤泥、淤泥质土、稍密的砂石及杂填土层中使用,但不能在密实的中粗砂、砂砾石、漂石层中使用。

　　2)套管夯扩灌注桩

　　套管夯扩灌注桩简称夯压桩,是在普通锤击沉管灌注桩的基础上加以改进发展起来的一种新型桩。它是在桩管内增加了一根与外桩管长度基本相同的内夯管,以代替钢筋混凝土预制桩靴,与外管同步打入设计深度,并作为传力杆,将桩锤击力传至桩端夯扩成大头形,并且增大了地基的密实度;同时,利用内管和桩锤的自重将外管内的现浇桩身混凝土压密成型,使水泥浆压入桩侧土体并挤密桩侧的土,从而使桩的承载力大幅度提高。

　　3)振动沉管灌注桩适用于在一般黏性土、淤泥、淤泥质土、粉土、湿陷性黄土、稍密及松散的砂土及填土中使用,在坚硬砂土、碎石土及有硬夹层的土层中,由于容易损坏桩尖,不宜采用。根据承载力的不同要求,拔管方法可分别采用单打法、复打法、反插法。

　　(3)灌注桩的桩位偏差必须符合表 3-10 的规定,桩顶标高至少要比设计标高高出 0.5m,桩底清孔质量按不同的成桩工艺有不同的要求。每浇注 50m³ 必须有 1 组试件;小于 50m³ 的桩,每根桩必须有 1 组试件。

表 3-10 灌注桩的平面位置和垂直度的允许偏差

序号	成孔方法		桩径允许偏差（mm）	垂直度允许偏差（%）	桩位允许偏差（mm）	
					1～3 根、单排桩基垂直于中心线方向和群桩基础的边桩	条形桩基沿中心线方向和群桩基础的中间桩
1	泥浆护壁钻孔桩	$D>1000mm$	±50	<1	$D/6$，且不大于 100	$D/4$，且不大于 150
		$D\leqslant1000mm$	±50		$100+0.01H$	$150+0.01H$
2	套管成孔灌注桩	$D\leqslant500mm$	-20	<1	70	150
		$D>500mm$			100	150
3	干成孔灌注桩		-20	<1	70	150
4	人工挖孔桩	混凝土护壁	$+50$	<0.5	50	150
		钢套管护壁	$+50$	<1	100	200

注：1. 桩径允许偏差的负值是指个别断面。

2. 采用复打、反插法施工的桩，其桩径允许偏差不受上表限制。

3. H 为施工现场地面标高与桩顶设计标高的距离，D 为设计桩径。

混凝土灌注桩（钢筋笼）检验批质量验收记录

（Ⅰ）

01020801___001

单位（子单位）工程名称	××大厦	分部（子分部）工程名称	地基与基础/基础	分项工程名称	长螺旋钻孔压灌桩基础
施工单位	××建筑有限公司	项目负责人	赵斌	检验批容量	30 根
分包单位	/	分包单位项目负责人	/	检验批部位	2～6/D～H轴桩基础
施工依据	《建筑桩基技术规范》JGJ94-2008		验收依据	《建筑地基基础工程施工质量验收规范》GB50202-2002	

		验收项目	设计要求及规范规定	最小/实际抽样数量	检查记录	检查结果
主控项目	1	主筋间距(mm)	±10	全/30	共30处，全部检查，合格30处	√
	2	长度(mm)	±100	全/30	共30处，全部检查，合格30处	√
一般项目	1	钢筋材质检验	设计要求	/	检验合格，报告编号××××	√
	2	箍筋间距(mm)	±20	全/30	共30处，全部检查，合格30处	100%
	3	直径(mm)	±10	全/30	共30处，全部检查，合格30处	100%

施工单位检查结果	符合要求 专业工长： 项目专业质量检查员： 2014 年××月××日
监理单位验收结论	合格 专业监理工程师： 2014 年××月××日

混凝土灌注桩检验批质量验收记录

（Ⅱ）

01020802　002

单位（子单位） 工程名称		××大厦	分部（子分部） 工程名称		地基与基础/基础	分项工程名称		长螺旋钻孔压灌桩 基础
施工单位		××建筑有限公司	项目负责人		赵斌	检验批容量		30根
分包单位		/	分包单位项目负责人		/	检验批部位		2～6/D～H轴 桩基础
施工依据		《建筑桩基技术规范》JGJ94-2008			验收依据	《建筑地基基础工程施工质量验收规范》 GB50202-2002		

		验收项目		设计要求及规范 规定	最小/实际抽样 数量	检查记录	检查结果
主控项目	1	桩位		见本规范表5.1.4	全/30	共30处，全部检查， 合格30处	√
	2	孔深(mm)		+300	全/30	共30处，全部检查， 合格30处	√
	3	桩体质量检验		设计要求	/	检验合格，资料齐全。	√
	4	混凝土强度		设计要求C30	/	试验合格，报告编号××××	√
	5	承载力		设计要求	/	检验合格，资料齐全， 报告编号××××	√
一般项目	1	垂直度		见GB 50202 表5.1.4	全/30	共30处，全部检查， 合格30处	100%
	2	桩径		见GB 50202 表5.1.4	全/30	共30处，全部检查， 合格30处	100%
	3	泥浆比重(黏土或砂性土中)		1.15～1.20	全/30	共30处，全部检查， 合格30处	100%
	4	泥浆面标高(高于地下水位)(m)		0.5～1.0	全/30	共30处，全部检查， 合格30处	100%
	5	沉渣厚度	端承桩(mm)	≤50	全/30	共30处，全部检查， 合格30处	100%
			摩擦桩(mm)	≤150	/	/	/
	6	混凝土坍落度	水下灌注(mm)	160～220	全/30	共30处，全部检查， 合格30处	100%
			干施工(mm)	70～100	/	/	/
	7	钢筋笼安装深度(mm)		±100	全/30	共30处，全部检查， 合格30处	100%
	8	混凝土充盈系数		>1	全/30	共30处，全部检查， 合格30处	100%
	9	桩顶标高(mm)		+30，-50	全/30	共30处，全部检查， 合格30处	100%

施工单位 检查结果	符合要求 专业工长：王东兴 项目专业质量检查员：赵师得取 2014 年××月××日
监理单位 验收结论	合格 专业监理工程师：刘东 2014 年××月××日

一册在手 表格全有 贴近现场 资料无忧

3.5　沉管灌注桩基础

3.5.1　沉管灌注桩基础工程资料列表

(1)勘察、测绘、设计文件

1)工程地质勘察报告、水文地质勘察报告

2)建筑场地地下管线图和毗邻区域内的市政管线及建(构)筑物的调查资料

3)设计文件及图纸、补桩平面示意图

(2)施工技术资料

1)工程技术文件报审表

2)沉管灌注桩施工方案

3)沉管灌注桩工程技术交底记录

4)图纸会审、设计变更、工程洽商记录

(3)施工物资资料

1)工程物资进场报验表

2)材料、构配件进场检验记录

3)水泥、砂、石、外加剂(现场搅拌)、钢筋等质量证明文件及复试报告(现场搅拌)

4)预拌混凝土出厂合格证(采用预拌混凝土时)

5)预拌混凝土运输单(采用预拌混凝土时)

(4)施工记录

1)隐蔽工程验收记录

2)桩位测量放线及复核记录

3)混凝土有关的施工记录(混凝土浇灌申请、开盘鉴定等)

(5)施工试验记录及检测报告

1)混凝土灌注桩试成孔试验记录

2)单桩承载力检验报告

3)钢筋连接试验报告

4)混凝土有关的施工试验记录(混凝土配合比通知单、抗压强度报告等)

(6)施工质量验收记录

1)混凝土灌注桩(钢筋笼)检验批质量验收记录

2)混凝土灌注桩检验批质量验收记录

3)沉管灌注桩基础工程基础分项工程质量验收记录表

3.5.2 沉管灌注桩基础工程资料填写范例

混凝土灌注桩(钢筋笼)检验批质量验收记录

(Ⅰ)

01020801 ___001___

单位(子单位) 工程名称	××大厦	分部(子分部) 工程名称	地基与基础/基础	分项工程名称	沉管灌注桩基础
施工单位	××建筑有限公司	项目负责人	赵斌	检验批容量	30根
分包单位	/	分包单位项目 负责人	/	检验批部位	2~6/D~H轴 桩基础
施工依据	《建筑桩基技术规范》JGJ94-2008		验收依据	《建筑地基基础工程施工质量验收 规范》GB50202-2002	

		验收项目	设计要求及 规范规定	最小/实际抽 样数量	检查记录	检查结果
主控项目	1	主筋间距(mm)	±10	全/30	共30处,全部检查, 合格30处	√
	2	长度(mm)	±100	全/30	共30处,全部检查, 合格30处	√
一般项目	1	钢筋材质检验	设计要求	/	检验合格,报告编号××××	√
	2	箍筋间距(mm)	±20	全/30	共30处,全部检查, 合格30处	100%
	3	直径(mm)	±10	全/30	共30处,全部检查, 合格30处	100%
施工单位 检查结果	符合要求 专业工长: 项目专业质量检查员: 2014年××月××日					
监理单位 验收结论	合格 专业监理工程师: 2014年××月××日					

混凝土灌注桩检验批质量验收记录

（Ⅱ）

01020802＿＿002

<table>
<tr><td>单位（子单位）
工程名称</td><td colspan="2">××大厦</td><td>分部（子分部）
工程名称</td><td colspan="2">地基与基础/基础</td><td>分项工程名称</td><td colspan="2">沉管灌注桩基础</td></tr>
<tr><td>施工单位</td><td colspan="2">××建筑有限公司</td><td>项目负责人</td><td colspan="2">赵斌</td><td>检验批容量</td><td colspan="2">30 根</td></tr>
<tr><td>分包单位</td><td colspan="2">/</td><td>分包单位项目负责人</td><td colspan="2">/</td><td>检验批部位</td><td colspan="2">2～6/D～H 轴
桩基础</td></tr>
<tr><td>施工依据</td><td colspan="2">《建筑桩基技术规范》JGJ94-2008</td><td>验收依据</td><td colspan="4">《建筑地基基础工程施工质量验收规范》
GB50202-2002</td></tr>
<tr><td colspan="2"></td><td colspan="2">验收项目</td><td>设计要求及规范
规定</td><td>最小/实际抽样
数量</td><td colspan="2">检查记录</td><td>检查结果</td></tr>
<tr><td rowspan="5">主控项目</td><td>1</td><td colspan="2">桩位</td><td>见本规范表 5.1.4</td><td>全/30</td><td colspan="2">共 30 处，全部检查，
合格 30 处</td><td>√</td></tr>
<tr><td>2</td><td colspan="2">孔深(mm)</td><td>+300</td><td>全/30</td><td colspan="2">共 30 处，全部检查，
合格 30 处</td><td>√</td></tr>
<tr><td>3</td><td colspan="2">桩体质量检验</td><td>设计要求</td><td>/</td><td colspan="2">检验合格，资料齐全。</td><td>√</td></tr>
<tr><td>4</td><td colspan="2">混凝土强度</td><td>设计要求 C30</td><td>/</td><td colspan="2">试验合格，报告编号××××</td><td>√</td></tr>
<tr><td>5</td><td colspan="2">承载力</td><td>设计要求</td><td>/</td><td colspan="2">检验合格，资料齐全，
报告编号××××</td><td>√</td></tr>
<tr><td rowspan="13">一般项目</td><td>1</td><td colspan="2">垂直度</td><td>见本规范表 5.1.4</td><td>全/30</td><td colspan="2">共 30 处，全部检查，
合格 30 处</td><td>100%</td></tr>
<tr><td>2</td><td colspan="2">桩径</td><td>见本规范表 5.1.4</td><td>全/30</td><td colspan="2">共 30 处，全部检查，
合格 30 处</td><td>100%</td></tr>
<tr><td>3</td><td colspan="2">泥浆比重(黏土或砂性土中)</td><td>1.15～1.20</td><td>全/30</td><td colspan="2">共 30 处，全部检查，
合格 30 处</td><td>100%</td></tr>
<tr><td>4</td><td colspan="2">泥浆面标高(高于地下水位)(m)</td><td>0.5～1.0</td><td>全/30</td><td colspan="2">共 30 处，全部检查，
合格 30 处</td><td>100%</td></tr>
<tr><td rowspan="2">5</td><td rowspan="2">沉渣厚度</td><td>端承桩(mm)</td><td>≤50</td><td>全/30</td><td colspan="2">共 30 处，全部检查，
合格 30 处</td><td>100%</td></tr>
<tr><td>摩擦桩(mm)</td><td>≤150</td><td>/</td><td colspan="2">/</td><td>/</td></tr>
<tr><td rowspan="2">6</td><td rowspan="2">混凝土坍落度</td><td>水下灌注(mm)</td><td>160～220</td><td>全/30</td><td colspan="2">共 30 处，全部检查，
合格 30 处</td><td>100%</td></tr>
<tr><td>干施工(mm)</td><td>70～100</td><td></td><td colspan="2"></td><td></td></tr>
<tr><td>7</td><td colspan="2">钢筋笼安装深度(mm)</td><td>±100</td><td>全/30</td><td colspan="2">共 30 处，全部检查，
合格 30 处</td><td>100%</td></tr>
<tr><td>8</td><td colspan="2">混凝土充盈系数</td><td>＞1</td><td>全/30</td><td colspan="2">共 30 处，全部检查，
合格 30 处</td><td>100%</td></tr>
<tr><td>9</td><td colspan="2">桩顶标高(mm)</td><td>+30，-50</td><td>全/30</td><td colspan="2">共 30 处，全部检查，
合格 30 处</td><td>100%</td></tr>
<tr><td colspan="3">施工单位
检查结果</td><td colspan="6">符合要求

专业工长：
项目专业质量检查员：

2014 年××月××日</td></tr>
<tr><td colspan="3">监理单位
验收结论</td><td colspan="6">合格

专业监理工程师：

2014 年××月××日</td></tr>
</table>

一册在手　表格全有　贴近现场　资料无忧

3.6 钢桩基础

3.6.1 钢桩基础工程资料列表

(1)勘察、测绘、设计文件

1)工程地质勘察报告、水文地质勘察报告

2)建筑场地地下管线图和毗邻区域内的市政管线及建(构)筑物的调查资料

3)设计文件及图纸

(2)施工技术资料

1)工程技术文件报审表

2)钢桩基础施工方案

3)钢桩焊接工程施工方案

4)钢桩焊接作业指导书

5)技术交底记录

6)图纸会审记录、设计变更通知单、工程洽商记录

(3)施工物资资料

1)工程物资进场报验表

2)材料、构配件进场检验记录

3)钢材质量证明文件及复试报告

4)钢桩质量合格证明文件、中文标志及检验报告等

5)钢桩用钢材复试报告

6)焊条、焊丝、焊剂等焊接材料的质量合格证明文件

(4)施工记录

1)隐蔽工程验收记录

2)桩位测量放线及复核记录

3)钢桩焊接施工检查记录

4)焊接材料烘焙记录

5)焊缝外观、尺寸检查记录

6)有关安全及功能的检验和见证检测项目检查记录

(5)施工试验记录及检测报告

1)地基载力检验报告

2)焊接连接试验报告

3)焊接工艺评定报告

4)超声波探伤报告

5)射线探伤报告

6)磁粉探伤报告

(6)施工质量验收记录

1)钢桩(成品)检验批质量验收记录表

2)钢桩检验批质量验收记录表

3)钢桩基础分项工程质量验收记录表

3.6.2 钢桩基础工程资料填写范例

工程名称：×××大厦
电焊条型号、规格SAN—53 φ3.2、φ2.4
钢桩规格 φ609.6×11mm 总长45m 分3节
电焊工姓名××× 电焊工证号 ×××

钢桩焊接接桩检查记录

检查项目	允许偏差	实际偏差	实际偏差	实际偏差	备 注
施工日期		2015年×月×日	2015年×月×日		
桩号、接点位置		35#下中	35#上中		
电焊起讫时间	时分~时分	6:40~6:50	7:45~7:57		
上下节端部错口 外径≥700mm	≤3mm	/	/		
外径<700mm	≤2mm	√	√		
焊接咬边深度	≤0.5mm	√	√		
焊接加强层高度	2mm	√	√		
焊接加强层宽度	2mm	√	√		
焊缝质量外观	无气孔、无焊瘤、无裂缝	无	无		
焊接条件	焊接层数3~10层	3层	3层		
节点管曲矢高	$<\dfrac{L}{1000}$	√	√		
焊接结束后停歇时间	>1min	√	√		

项目工程师：××× 质量员：××× 记录：×××

说明：

1. 钢桩焊接接桩检查记录的"检查项目"是根据《建筑地基基础工程施工质量验收规范》（GB 50202—2002）表 5.5.4—2 钢桩施工质量标准中有关接桩电焊要求制成，焊接条件对焊接质量至关重要，钢管接桩标准焊接条件见下页表格。
2. 本记录一根桩填一张，一根钢桩的节数超过 4 节的，自下而上编号，3 节桩的编号上、中、下。
3. 本表检查工具应备齐钢尺、焊缝检查仪、秒表等，需检查合格。
4. 根据钢管桩的壁厚选择符合质量要求的焊接层数，填写在焊接条件的"实际偏差"栏内。
5. 各检查项目的偏差值，在允许偏差范围限值内用"√"表示（除焊接条件外）。
6. 打桩（压桩）机电焊工自检合格后，交质检员确认，质检员应在焊接时跟踪巡回检查。
7. 本检查表由电焊工自检合格后，交质检员确认，质检员应在焊接时跟踪巡回检查。

《钢桩焊接接桩检查记录》填写说明

几种壁厚钢管桩焊缝的分层与标准焊接条件如表 3-11 所示：

表 3-11 钢管桩标准焊接条件

厚　度	形　　状	层　数	电流（A）	电压（V）	速度（cm/min）
9mm + 9mm		1	380～460	26～30	23～28
		2	350～460	26～30	30～35
12mm + 12mm		1	380～460	26～30	23～28
		2	380～460	26～30	23～28
		3	350～460	26～30	30～35
14mm + 14mm		1	380～460	26～30	23～28
		2	380～460	26～30	23～28
		3			
		4	350～460	26～30	30～35

续表

厚 度	形 状	层 数	电流(A)	电压(V)	速度(cm/min)
16mm + 16mm		1	380～460	26～30	23～28
		2 3 4	380～460	26～30	23～28
		5	350～460	26～30	30～35
19mm + 19mm		1	380～460	26～30	23～28
		2 3 4 5 6	380～460	26～30	23～28
		7	350～460	26～30	30～35
22mm + 22mm		1	380～460	26～30	23～28
		2 3 4 5 6 7 8 9	380～460	26～30	23～28
		10	350～460	26～30	30～35

焊缝射线探伤报告

委托单位: 试验编号:

工程名称		焊接类型		报告日期	
工程编号		规格		母材试验单编号	
设备型号		焦距		管电压	
曝光时间				管电流	
透度计型号		胶片型号	胶片尺寸		有效长度
增感方式			冲洗方式		

焊缝全长: m;   探伤比例: %;   长度: m
探伤部位:
射线拍片共   张;其中纵缝: 张,环缝: 张,其他部位   张
　　　　　　　Ⅰ级片   张,占总片数   %
　　　　　　　Ⅱ级片   张,占总片数   %
　　　　　　　Ⅲ级片   张,占总片数   %

附:探伤位置图和探伤记录

试验单位: 技术负责人: 审核: 试(检)验:

注:焊缝射线探伤报告是无损探伤焊缝的试(检)验项目。

《焊缝射线探伤报告》填写说明与依据

一、表格解析

1. 责任部门

有资质检测单位提供,试验员收集。

2. 提交时限

焊接完成 24h 后进行,钢结构分部工程验收前提交。

3. 填写要点

(1)焊接类型:指受试焊缝射线探伤焊接件的焊接类别;如对焊、电弧焊等。

(2)设备型号:按实际用作射线探伤试验的设备型号填写。

(3)焦距:指射线探伤选定的焦距,焦距选定应合理,一般不用短焦距。

(4)管电压:管电压应不超过不同透照厚度所允许的最高管电压。

(5)曝光时间:应根据设备、胶片和增感屏等具体条件制作和选用合适的曝光曲线。

(6)透度计型号:是进行 x 射线探伤的应用仪器之一,透度计的型式和规格的选用、透度计的灵敏度与焊缝厚度等,均应符合规范的要求。

(7)胶片型号:指射线探伤应用的胶片型号。

(8)胶片尺寸:指射线探伤应用胶片的尺寸。

(9)有效长度:指射线探伤应用胶片的实际长度。

(10)增感方式:一般用增感屏,个别情况射线照拍方法为 A 级时也可用荧光增感屏或金属增感屏。

(11)焊缝全长:指被焊件的焊缝的全部长度。

(12)探伤比例:指被焊件的焊缝全长与射线探伤长度之比。

二、填写依据

1. 规范名称

(1)《金属熔化焊对接接头射线照相》(GB/T3323－2005)

(2)《钢结构工程施工质量验收规范》(GB 50205－2001)

2. 相关要求

(1)依据《钢结构工程施工质量验收规范》(GB 50205－2001)规范要求,设计要求全焊头的一、二级焊缝应做缺陷检验,由有相应资质等级检测单位出具射线探伤检验报告。

(2)钢结构工程质量验收采用常规无损检测方法进行。常规无损检测方法射线检验主要检测金属焊缝接头内部缺陷。

(3)超声波探伤不能对缺陷作出判断时,应采用射线探伤,其内部缺陷分级及探伤方法应符合现行国家标准《钢焊缝手工超声波探伤方法和探伤结果分级》(GB 11345)或《金属熔化焊对接接头射线照相》(GB/T 3323－2005)的规定。

(4)根据缺陷的性质和数量,焊接接头质量分为四个等级。

Ⅰ级焊接接头:应无裂纹、未熔合和未焊透和条形缺陷。

Ⅱ级焊接接头:应无裂纹、未熔合和未焊透。

Ⅲ级焊接接头:应无裂纹、未熔合以及双面焊和加垫板的单面焊中的未焊透。

Ⅳ级焊接接头:焊接接头中缺陷超过Ⅲ级者。

焊缝超声波探伤报告

委托单位:××钢结构工程有限公司　　　　　　　　　　　　试验编号:×××

工程名称	××工程	焊接类型	钢架栓	试验编号	JXG—06—081
工程编号	××	规　格	φ76 3.5厚	报告日期	2015 年 3 月 21 日
仪器型号	CTS—22A	探伤方法	斜角探伤	探测频率	2.5MHz
探头直径	2.5P8×12	探头 K 值	2	探头移动方式	深度法 2：1
耦合剂	机油	检验标准	GB 11345 GB 50205	试块	CSK—ⅢA
探测灵敏度	φ1×6—3	增益		抑制		输出		粗调	

焊缝全长:1.0901m;探伤比例:>20%;长度:0.3818m

探伤部位:环缝

缺陷记录:

(附探伤位置图)

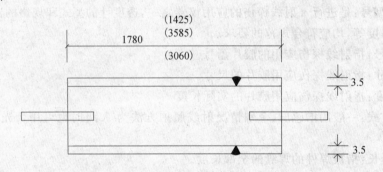

共计 80 件钢架栓,对接焊缝经 20%,超声波探伤检查,检查结果符合《焊缝手工超声波探伤方法和探伤结果分级》(GB 11345)的规定,Ⅱ级焊缝合格。

试验单位:××检测中心	技术负责人:×××	审核:×××	试(检)验:×××

《焊缝超声波探伤记录》填写说明与依据

焊缝超声波探伤报告是一种利用超声波不能穿透任何固体、气体界面而被全部反射的特性来进行探伤的。

一、表格解析

1. 责任部门

有资质检测单位提供,试验员收集。

2. 提交时限

焊接完成 24h 后进行,钢结构分部工程验收前提交。

(1)仪器型号:指超声波探伤仪的型号。

(2)探伤频率:指超声波探伤时应用的探测频率。

(3)探头 K 值:K 值的选择与探头的型号、角度、测试方法等有关,K 值的选择应符合有关规范的要求。

(4)探头移动方式:探头移动方式和范围应保证扫查到全部焊缝截面计热影响区。

(5)探测灵敏度：按实测时的灵敏度填写。

(6)耦合剂：应选用适当的液体和糊状物作为耦合剂；(典型的耦合剂为水、机油、甘油、糨糊及适量润湿剂)。

(7)焊缝全长：指被焊件的焊缝全长。

(8)探伤比例：指被焊件的焊缝全长与射线探伤长度之比。

二、填写依据

1. 规范名称

(1)《焊缝无损检测 超声检测 技术、检测等级和评定》(GB/T 11345－2013)

(2)《钢结构焊接规范》(GB 50661－2011)

(3)《钢筋结构超声波探伤及质量分级》(JG/T 203－2007)

(4)《钢结构工程施工质量验收规范》(GB 50205－2001)

2. 相关要求

依据《钢结构工程施工质量验收规范》(GB 50205－2001)规范要求，设计要求全焊头的一、二级焊缝应做缺陷检验，由有相应资质等级检测单位出具超声波。

钢结构工程质量验收采用常规无损检测方法进行。常规无损检测方法超声波检测主要检测金属焊缝接头和钢板内部缺陷。

(1)焊接球节点网架焊缝、螺栓球节点网架焊缝及圆管 T、K、Y 形节点相贯线焊缝,其内部缺陷分级及探伤方法分别符合国家现行标准《钢筋结构超声波探伤及质量分级法》(JG/T 203－2007)、《钢结构焊接规范》(GB 50661－2011)的规定。

(2)最大反射波幅位于Ⅰ区的缺陷,根据缺陷指示长度按表 3-12 的规定予以评级。

表 3-12　　　　　　　　　　　　缺陷的等级分类

检验等级板厚 mm	A	B	C
评定等级	8～50	8～300	8～300
Ⅰ	$\frac{2}{3}\delta$;最小 12	$\frac{1}{3}\delta$ 最小 10,最大 30	$\frac{1}{3}\delta$ 最小 10,最大 20
Ⅱ	$\frac{3}{4}\delta$;最小 12	$\frac{2}{3}\delta$ 最小 12,最大 50	$\frac{1}{2}\delta$ 最小 10,最大 50
Ⅲ	$<\delta$ 最小 20	$\frac{3}{4}\delta$ 最小 16,最大 75	$\frac{2}{3}\delta$ 最小 12,最大 50
Ⅳ	超过三级者		

注:①δ为坡口加工侧母材板厚,母材板厚不同时,以较薄侧板厚为准。

②管座角焊缝 δ 为焊缝截面中心线高度。

(3)最大反射波幅不超过评定线的缺陷,均评为Ⅰ级。

(4)最大反射波幅超过评定线的缺陷,检验者判定为裂纹等危害性缺陷时,无论其波幅和尺寸如何,均评定为Ⅳ级。

(5)反射波幅位于Ⅰ区的非裂纹性缺陷,均评为Ⅰ级。

(6)反射波幅位于Ⅱ区的缺陷,无论其指示长度如何,均评定为Ⅳ级。

(7)不合格的缺陷,应予返修,返修区域修补后,返修部位及补焊受影响的区域,应按原探伤条件进行复验,复探部位的缺陷亦应按相关标准评定。

焊缝磁粉探伤报告

委托单位:××钢结构工程有限公司　　　　　　　　　　　试验编号:×××

工程名称	××工程	主要名称	腹板	日　期	2015 年 4 月 11 日
工程编号	××	产品编号	MB−6	规　格	650×200×8×6
设备型号	CJE−A	材　质	Q345B	壁　厚	8mm
仪器型号	CJE−A	激磁方式	单组	灵敏度	φ3−16 d13

磁粉和磁悬液体配制

　　磁粉选用 350 目磁粉膏,每 100mm 长磁粉膏中入 1000mL 水溶解。

　　悬液体的配制浓度 10～20g/L,沉淀═浓度为 1.2～2.4mL/100mL。

焊缝全长:　　　1400m;探伤比例:　　　100％;长度:　　　1400m

探伤部位:腹板对接焊缝

缺陷记录:Ⅱ级

(附探伤位置图)

　　　　　略

试验单位:××检测中心	技术负责人:×××	审核:×××	试(检)验:×××

《焊缝磁粉探伤报告》填写说明与依据

　　焊接焊缝磁粉探伤报告是检查焊缝表面或近表面的裂纹或其他缺陷的一种试(检)验方法。

　　1. 填写要点

　　(1)产品编号:指主品的产品编号。

　　(2)材质:指主品的材料质量。

　　(3)仪器型号:指磁场指示器的型号。

　　(4)激磁方式:有直接通电磁化和间接磁化。

　　(5)灵敏度:指磁粉材料组成、磁粉探伤设备、操作技术和磁场值等,整个系统的灵敏度,综合进行评价。

　　(6)磁粉和磁悬液体配制:磁粉质量、磁粉颜色与被检工件具有最大的比度、湿磁粉的应用、磁悬液载体的性能(如油剂、含添加剂水性能)等必须保证。

　　(7)焊缝全长:指被试焊件的焊缝总长度。

　　(8)探伤比例:指被试焊件的焊缝总长度与探伤长度的比例。

　　2. 检查要点

　　试验、审核、技术负责人签字齐全并加盖试验单位公章。

钢桩（成品）检验批质量验收记录表

（Ⅰ）

01021201___001

单位（子单位）工程名称		××大厦	分部（子分部）工程名称	地基与基础/基础	分项工程名称		钢桩基础
施工单位		××建筑有限公司	项目负责人	赵斌	检验批容量		100根
分包单位		/	分包单位项目负责人	/	检验批部位		1～7/A～C 轴桩基
施工依据		《建筑桩基技术规范》JGJ94-2008		验收依据		《建筑地基基础工程施工质量验收规范》GB50202-2002	

		验收项目		设计要求及规范规定	最小/实际抽样数量	检查记录	检查结果
主控项目	1	钢桩外径或断面尺寸	桩端	±0.5%D	全/100	共100根，全部检查，合格100根	√
			桩身	±1D	全/100	共100根，全部检查，合格100根	√
	2	矢高		＜1/1000L	全/100	共100根，全部检查，合格100根	√
一般项目	1	长度(mm)		+10	20/20	抽查20根，合格20根	100%
	2	端部平整度(mm)		≤2	20/20	抽查20根，合格20根	100%
	3	H钢桩的方正度	h＞300mm	T+T′≤8	20/20	抽查20根，合格20根	100%
			h＜300mm	T+T′≤6	/	/	
	4	端部平面与桩中心线的倾斜值(mm)		≤2	20/20	抽查20根，合格20根	100%

施工单位检查结果	符合要求 专业工长：王系忠 项目专业质量检查员：郝保取 2014年××月××日
监理单位验收结论	合格 专业监理工程师：刘东 2014年××月××日

一册在手 表格全有 贴近现场 资料无忧

《钢桩(成品)检验批质量验收记录表(Ⅰ)》填写说明

1. 填写依据

(1)《建筑地基基础工程施工质量验收规范》GB 50202－2002。

(2)《建筑工程施工质量验收统一标准》GB 50300－2013。

2. 规范摘要

以下内容摘录自《建筑地基基础工程施工质量验收规范》GB 50202－2002。

验收要求

(1)一般规定参见"钢筋混凝土预制桩(钢筋骨架)检验批质量验收记录"验收要求的相关内容。

(2)钢桩

1)施工前应检查进入现场的成品钢桩,成品桩的质量标准应符合本规范表 5.5.4－1 的规定。

2)施工中应检查钢桩的垂直度、沉入过程、电焊连接质量、电焊后的停歇时间、桩顶锤击后的完整状况。电焊质量除常规检查外,应做 10% 的焊缝探伤检查。

3)施工结束后应做承载力检验。

4)钢桩施工质量检验标准应符合表 3-13 及表 3-14 的规定。

表 3-13 　　　　　　　　　　　成品钢桩质量检验标准

项	序	检查项目	允许偏差或允许值		查方法
			单位	数值	
主控项目	1	钢桩外径或断面尺寸:桩端 桩身		$\pm 0.5\% D$ $\pm 1D$	用钢尺量,D 为外径或边长
	2	矢高		$<1/1000 l$	用钢尺量,l 为桩长
一般项目	1	长度	mm	$+10$	用钢尺量
	2	端部平整度	mm	$\leqslant 2$	用水平尺量
	3	H 钢桩的方正度 $h>300$ $h<300$	mm mm	$T+T'\leqslant 8$ $T+T'\leqslant 6$	用钢尺量,h、T、T' 见图示
	4	端部平面与桩中心线的倾斜值	mm	$\leqslant 2$	用水平尺量

表 3-14 　　　　　　　　　　　钢桩施工质量检验标准

项	序	检查项目	允许偏差或允许值		查方法
			单位	数值	
主控项目	1	桩位偏差	见本规范表 5.1.3		用钢尺量
	2	承载力	按基桩检测技术规范		按基桩检测技术规范
一般项目	1	电焊接桩焊缝： (1)上下节端部错口	mm	≤3	用钢尺量
		（外径≥700mm）	mm	≤2	用钢尺量
		（外径＜700mm）	mm	≤0.5	焊缝检查仪
		(2)焊缝咬边深度	mm	2	焊缝检查仪
		(3)焊缝加强层高度	mm	2	焊缝检查仪
		(4)焊缝加强层宽度 (5)焊缝电焊质量外观	无气孔，无焊瘤，无裂缝		直观
		(6)焊缝探伤检验	满足设计要求		按设计要求
	2	电焊结束后停歇时间	min	＞1.0	秒表测定
	3	节点弯曲矢高	＜1/1000l		用钢尺量，l 为两节桩长
	4	桩顶标高	mm	±50	水准仪
	5	停锤标准	设计要求		用钢尺量或沉桩记录

钢桩检验批质量验收记录表

(Ⅱ)

01021201___001

单位(子单位)工程名称	××大厦	分部(子分部)工程名称	地基与基础/基础	分项工程名称	钢桩基础
施工单位	××建筑有限公司	项目负责人	赵斌	检验批容量	100根
分包单位	/	分包单位项目负责人	/	检验批部位	1～7/A～C轴桩基
施工依据	《建筑桩基技术规范》JGJ94-2008		验收依据	《建筑地基基础工程施工质量验收规范》GB50202-2002	

		验收项目		设计要求及规范规定	最小/实际抽样数量	检查记录	检查结果
主控项目	1	桩位偏差		见本规范表5.1.3	全/100	共100根,全部检查,合格100根	✓
	2	承载力		设计要求	/	试验合格,报告编号××××	✓
一般项目	1	电焊接桩焊缝	(1)上下节端部错口 (外径≥700mm)(mm)	≤3	20/20	抽查20根,合格20根	100%
			(外径<700mm)(mm)	≤2	/	/	
			(2)焊缝咬边深度(mm)	≤0.5	20/20	抽查20根,合格20根	100%
			(3)焊缝加强层高度(mm)	2	20/20	抽查20根,合格20根	100%
			(4)焊加强层宽度(mm)	2	20/20	抽查20根,合格20根	100%
			(5)焊缝电焊质量外观	无气孔,无焊瘤,无裂缝	20/20	抽查20根,合格20根	100%
			(6)焊缝探伤检验	满足设计要求	/	试验合格,报告编号××××	✓
	2	电焊结束后停歇时间(min)		>1.0	20/20	抽查20根,合格20根	100%
	3	节点弯曲矢高		<1/1000L	20/20	抽查20根,合格20根	100%
	4	桩顶标高(mm)		±50	20/20	抽查20根,合格20根	100%
	5	停锤标准		设计要求	/	检验合格,施工记录编号××××	✓

施工单位检查结果	符合要求 专业工长:王乐兴 项目专业质量检查员:赵保双 2014年××月××日
监理单位验收结论	合格 专业监理工程师:刘东 2014年××月××日

《钢桩检验批质量验收记录表(Ⅱ)》填写说明

1. 填写依据

(1)《建筑地基基础工程施工质量验收规范》GB 50202—2002。

(2)《建筑工程施工质量验收统一标准》GB 50300—2013。

2. 规范摘要

一般规定、混凝土预制桩参见"钢筋混凝土预制桩(钢筋骨架)检验批质量验收记录"验收要求的相关内容。

3.7 锚杆静压桩基础

3.7.1 锚杆静压桩基础工程资料列表

(1)勘察、测绘、设计文件

1)工程地质勘察报告、水文地质勘察报告

2)建筑场地地下管线图和毗邻区域内的市政管线及建(构)筑物的调查资料

3)设计文件及图纸

(2)施工技术资料

1)工程技术文件报审表

2)锚杆静压桩基础施工方案

3)图纸会审、设计变更、工程洽商记录

(3)施工物资资料

1)工程物资进场报验表

2)材料、构配件进场检验记录

3)金属材料(锚杆静压桩使用的钢筋、钢管、钢绞线、锚具)的质量证明文件及复试报告

4)水泥浆锚固体:水泥、粗骨料、中砂、化学添加剂等出厂合格证和试验报告

(4)施工记录

1)隐蔽工程验收记录

2)测量放线及复核记录

3)锚杆静压桩施工记录

4)锚杆注浆施工记录

5)混凝土浇灌申请书、开盘鉴定、现场坍落度检查记录

6)混凝土施工记录

(5)施工试验记录及检测报告

1)地基载力检验报告

2)锚杆静压桩施工试验记录

3)钢筋连接试验报告

(6)施工质量验收记录

1)锚杆静压桩基础检验批质量验收记录

2)锚杆静压桩基础分项工程质量验收记录表

3.7.2　锚杆静压桩基础工程资料填写范例

隐蔽工程检查记录		编　号	×××
工程名称		××大厦	
隐检项目	静力压桩焊接接桩	隐检日期	2015 年×月×日
隐检部位	基础层　①～⑮/Ⓐ～Ⓖ轴线　－6.000m 标高		

隐检依据:施工图图号___结施 1、结施 5　地质勘察报告 2015-0113___,设计变更/洽商(编号___

___/___)及有关国家现行标准等。

主要材料名称及规格/型号:_____钢板、焊条_____

隐检内容:

　1.采用焊接接桩时,应先将四周点焊固定,然后对称焊接,并确保焊缝质量和设计尺寸。

　2.焊接的材质(钢板、焊条)均符合设计要求,焊接件做好防腐处理。

　3.焊接接桩,其预埋件表面应清洁,上下节之间的间隙应用铁片垫实焊牢。

　4.接桩时,在距地面 1m 左右进行,上下节桩的中心线偏差不得大于 10mm,节点弯曲矢高不得大于 1‰
桩长。

申报人:×××

检查意见:

　经检查,焊接接桩符合设计要求及《建筑地基基础工程施工质量验收规范》(GB 50202－2002)的规定。

检查结论:　　☑同意隐蔽　　□不同意,修改后进行复查

复查结论:

　　　　　　　　　　　　　复查人:　　　　　　　　　　复查日期:

签字栏	建设(监理)单位	施工单位	××建设工程有限公司	
		专业技术负责人	专业质检员	专业工长
	×××	×××	×××	×××

本表由施工单位填写,建设单位、施工单位、城建档案馆各保存一份。

静力压桩施工记录

共×页　第1页

工程名称	××大厦	施工单位	××建设工程有限公司	设计桩长(m)	-1.8	设计压桩力(kN)	4000
桩号	18	自然地面标高(m)		设计桩顶标高(m)	-0.8	送(收)桩长度(m)	30
						开始时间	18:00
						结束时间	20:10
							2015年8月10日

入土深度(m)	实际桩长(m)	压力表读数(MPa)	实际压桩力(kN)	垂直度	入土深度(m)	设计桩顶标高(m)	压力表读数(MPa)	实际压桩力(kN)	垂直度
2		1	200	0.3	28		8	1600	0.4
4		3	600	0.4	30		10(双)	4000	0.3
6		4	800	0.4					
8		5	1000	0.4				1.0	
10		6	1200	0.3					
12		10	2000	0.4					
14		10	2000	0.2					
16		10	2000	0.3					
18		7	1400	0.4					
20		6	1200	0.3					
22		8	1600	0.4					
24		8	1600	0.2					
26		8	1600	0.3					

签字栏	建设(监理)单位	施工单位			
	×××	质检员	施工员	施工班组长	
		×××	×××	×××	

静力压桩施工记录汇总表

工程名称			××大厦			设计桩长(m)		30
施工单位			××建设工程有限公司			总桩数		100

序号	桩号	桩径 (mm)	施工日期	压桩力 (kN)	实际桩长 (m)	入土深度 (m)	送砍桩长度 (m)	备注
1	1#	500	2015 年×月×日	4000	31＝11＋10＋10	31.4	0.4	
2	2#	500	2015 年×月×日	4000	30＝10＋10＋10	30.8	0.8	
3	3#	500	2015 年×月×日	4000	30＝10＋10＋10	30.8	0.8	
4	4#	500	2015 年×月×日	4000	30＝10＋10＋10	30.8	0.8	
5	5#	500	2015 年×月×日	4000	31＝11＋10＋10	31.5	0.5	

签字栏	建设(监理)单位	施工单位		
		质检员	施工员	施工班组长
	×××	×××	×××	×××

静力压桩 分项工程质量验收记录表

单位(子单位)工程名称	××大厦	结构类型	框支
分部(子分部)工程名称	桩基	检验批数	4
施工单位	××建设工程有限公司	项目经理	×××
分包单位	/	分包项目经理	/

序号	检验批名称及部位、区段	施工单位检查评定结果	监理(建设)单位验收结论
1	基础①～⑨/Ⓐ～Ⓗ轴	√	
2	基础⑨～⑮/Ⓐ～Ⓗ轴	√	
3	基础⑮～㉓/Ⓐ～Ⓗ轴	√	
4	基础㉓～㉚/Ⓐ～Ⓗ轴	√	验收合格

说明:

检查结论	基础①～㉚/Ⓐ～Ⓗ轴静力压桩施工质量符合《建筑地基基础工程施工质量验收规范》(GB 50202—2002)的规定,静力压桩分项工程合格。 项目专业技术负责人:××× 2015 年×月×日	验收结论	同意施工单位检查结论,验收合格。 监理工程师:××× (建设单位项目专业技术负责人) 2015 年×月×日

注:地基基础、主体结构工程的分项工程质量验收不填写"分包单位"、"分包项目经理"。

锚杆静压桩基础检验批质量验收记录

01021301___001___

单位（子单位）工程名称	××大厦	分部（子分部）工程名称	地基与基础/基础	分项工程名称	锚杆静压桩基础
施工单位	××建筑有限公司	项目负责人	赵斌	检验批容量	100 根
分包单位	/	分包单位项目负责人	/	检验批部位	1～7/A～C 轴桩基
施工依据	《建筑桩基技术规范》JGJ94-2008		验收依据	《建筑地基基础工程施工质量验收规范》GB50202-2002	

		验收项目	设计要求及规范规定	最小/实际抽样数量	检查记录	检查结果
主控项目	1	桩体质量检验	设计要求	/	检验合格，报告编号××××	√
	2	桩位偏差	见本规范表5.1.3	全/100	共100根，全部检查，合格100根	√
	3	承载力	设计要求	/	检验合格，报告编号××××	√
一般项目	1	成品桩质量：外观　外形尺寸　强度	表面平整，颜色均匀，掉角深度<10mm，蜂窝面积小于总面积0.5%见本规范表5.4.5	20/20	抽查20根，合格20根	100%
	2	硫磺胶泥质量(半成品)	设计要求	/	质量证明文件齐全，通过进场验收	√
	3	电焊接桩焊缝质量	5.5.4-2	/	试验合格，报告编号××××	√
	4	电焊接桩，电焊结束后停歇时间	>1.0min	20/20	检查施工记录，抽查20根，合格20根	100%
	5	硫磺胶泥接桩，胶泥浇注时间	<2min	/	/	
	6	硫磺胶泥接桩，浇注后停歇时间	>7min	/	/	
	7	电焊条质量	设计要求	/	质量证明文件齐全，通过进场验收	√
	8	压桩压力(设计有要求时)	±5%	/	/	
	9	接桩时上下节平面偏差(mm)	<10 且<1/1000L	20/20	抽查20根，合格20根	100%
	10	接桩时节点弯曲矢高(mm)	<10 且<1/1000L	20/20	抽查20根，合格20根	100%
	11	桩顶标高	±50mm	20/20	抽查20根，合格20根	100%

施工单位检查结果	符合要求　　　　　　　　　　　　　专业工长：　王乐光　　　　　　　　　项目专业质量检查员：　郝床取　　　　　　　　　　　　　　　　　　　　　　　　　2014年××月××日
监理单位验收结论	合格　　　　　　　　　　　　　　　专业监理工程师：　刘东　　　　　　　　　　　　　　　　　　　　　　　　　　　　　　　　2014年××月××日

《锚杆静压桩基础检验批质量验收记录》填写说明

1. 填写依据

(1)《建筑地基基础工程施工质量验收规范》GB 50202—2002。

(2)《建筑工程施工质量验收统一标准》GB 50300—2013。

2. 规范摘要

以下内容摘录自《建筑地基基础工程施工质量验收规范》GB 50202—2002。

验收要求

(1)一般规定参见"钢筋混凝土预制桩(钢筋骨架)检验批质量验收记录"验收要求的相关内容。

(2)静力压桩

1)静力压桩包括锚杆静压桩及其他各种非冲击力沉桩。

2)施工前应对成品桩(锚杆静压成品桩一般均由工厂制造,运至现场堆放)做外观及强度检验,接桩用焊条或半成品疏缱胶泥应有产品合格证书,或送有关部门检验,压桩用压力表、锚杆规格及质量也应进行检查。疏横胶泥半成品应每100kg做一组试件(3件)。

3)压桩过程中应检查压力、桩垂直度、接桩间歇时间、桩的连接质量及压入深度。重要工程应对电焊接桩的接头做10%的探伤检查。对承受反力的结构应加强观测。

4)施工结束后,应做桩的承载力及桩体质量检验。

5)锚杆静压桩质量检验标准应符合表3-15的规定。

表3-15　　　　　　　　　静力压桩质量检验标准

项	序	检查项目		允许偏差或允许值		检查方法
				单位	数值	
主控项目	1	桩体质量检验		按基桩检测技术规范		按基桩检测技术规范
	2	桩位偏差		见规范 GB 50202 5.1.3 条		用钢尺量
	3	承载力		按基桩检测技术规范		按基桩检测技术规范
一般项目	1	成品桩质量:外观 外形尺寸 强度		表面平整,颜色均匀,掉角深度<10mm,蜂窝面积小于总面积0.5% 见规范 GB 50202 5.4.5 条 满足设计要求		直观 见规范 GB 50202 5.4.5 条 查产品合格证书或钻芯试压
	2	硫磺胶泥质量(半成品)		设计要求		查产品合格证书或抽样送检
	3	接桩	电焊接桩:焊缝质量 电焊结束后 停歇时间	见规范 GB 50202 5.5.4—2 条 min	 >1.0	见规范 GB 50202 5.5.4—2 条 秒表测定
			硫磺胶泥接桩:胶泥浇注时间	min	<2	秒表测定
			浇筑后停歇时间	min	>7	秒表测定

项	序	检查项目	允许偏差或允许值		检查方法
			单位	数值	
一般项目	4	电焊条质量	设计要求		查产品合格证书
	5	压装压力（设计有要求时）	％	±5	查压力表读数
	6	接桩时上下节平面偏差 接桩时节点弯曲矢高	mm	<10 <1/1000l	用钢尺量 用钢尺量，l 为两节桩长
	7	桩顶标高	mm	±50	水准仪

3.8　沉井与沉箱基础

3.8.1　沉井与沉箱工程资料列表

(1)勘察设计文件

1)施工区域的岩土勘察报告

2)沉井(箱)的技术文件

3)施工区域内地下管线、设施、障碍资料

4)相邻建筑基础资料

(2)施工管理资料

见证记录

(3)施工技术资料

1)工程技术文件报审表

2)沉井(箱)施工组织设计或施工方案

3)沉井与沉箱工程技术交底记录

(4)施工物资资料

1)工程物资进场报验表

2)材料、构配件进场检验记录

3)钢筋、钢材、水泥、砂、碎石或卵石、外加剂、掺合料(粉煤灰、硅粉等)产品出厂合格证、性能检验报告及见证取样复试报告

4)预拌混凝土出厂合格证

5)预拌混凝土运输单

(5)施工记录

1)钢筋隐蔽工程验收记录

2)中间验收报告

3)模板预检记录

4)施工测量放线记录

5)基坑支护变形监测记录

6)地基处理记录

7)沉井下沉施工记录

8)沉井制作、封底施工记录

9)沉箱下沉施工记录

10)沉箱制作、封底施工记录

11)沉井、沉箱下沉完毕检查记录

12)混凝土浇灌申请书

13)混凝土开盘鉴定

14)混凝土坍落度现场检查记录

15)混凝土施工记录

(6)施工试验记录及检测报告

1)钢筋焊接连接试验报告

2)混凝土配合比申请单、通知单

3)混凝土配合比申请单、通知单

4)混凝土试块强度统计、评定记录

5)混凝土抗渗试验报告

(7)施工质量验收记录

1)沉井与沉箱基础检验批质量验收记录表

2)沉井与沉箱分项工程质量验收记录表

3.8.2 沉井与沉箱基础工程资料填写范例

<table>
<tr>
<td rowspan="3" colspan="2">隐蔽工程检查记录</td>
<td>编 号</td>
<td>×××</td>
</tr>
</table>

工程名称	××大厦		
隐检项目	基坑支护工程(沉井)	隐检日期	2015 年×月×日
隐检部位	基坑　①～⑩/⑧～⑥轴线　－12.2m 标高		

隐检依据:施工图图号___结施 1、结施 5、地质勘察报告 2015-081___,设计变更/洽商(编号___/___)及有关国家现行标准等。

主要材料名称及规格/型号:___钢筋 HRB 335 ϕ14、ϕ18、ϕ20___。

隐检内容:

1. 钢筋有质量证明书和复试报告,合格,其品种、级别、规格和数量符合设计要求;且无锈蚀、无污染。

2. 混凝土强度下沉前必须达到 70%设计强度,封底前,沉井的下沉稳定<10mm/8h。

3. 封底结束后的位置在××,刃脚平均标高与设计标高比<100mm。

4. 刃脚支设采用半垫架法,垫木用 16×20cm(或 15×15cm)枕木,根数××,对称铺设。

5. 钢筋采用搭接连接,接头错开在 35d 并不小于 500mm 区域内接头面积的百分比不超过 50%;内外钢筋之间加设 ϕ14 支撑钢筋,每 1.0m 不小于 1 个,梅花形布置。

6. 在钢筋外层垫置水泥砂浆保护层垫块。

申报人:×××

检查意见:

经检查,符合设计要求及《建筑地基基础工程施工质量验收规范》(GB 50202－2002)的规定。

检查结论:　☑同意隐蔽　□不同意,修改后进行复查

复查结论:

复查人:　　　　　　　　复查日期:

签字栏	建设(监理)单位	施工单位	××建设工程有限公司	
		专业技术负责人	专业质检员	专业工长
	×××	×××	×××	×××

本表由施工单位填写,建设单位、施工单位、城建档案馆各保存一份。

沉井下沉施工记录

工程名称＿＿＿＿＿＿＿＿＿＿　　施工单位＿＿＿＿＿＿＿＿＿＿　　班次＿＿＿＿＿＿＿＿＿＿

出土量(m³)			出勤人数(工日)			
含泥量			气候		温度(℃)	
刃脚编号	1	2	3	4		
刃脚标高(m)					平均标高(m)	
下沉量(mm)					平均下沉量(mm)	
土的类别			该层土开始标高(m)			
机械设备管路等情况						
刃脚掏空情况						
井内各孔土面标高及锅底情况						
倾斜和水平位移情况						
备　注						

参加人员	监理(建设)单位	施工单位		
		专业技术负责人	质检员	记录人

沉井、沉箱下沉完毕检查记录

工程名称 ××工程　　施工单位 ××建设工程有限公司　　 2015 年 × 月 × 日

沉井、沉箱开始下沉日期	2015 年×月×日	开始下沉时刃脚标高(m)	××
沉井、沉箱下沉完毕日期	2015 年×月×日	下沉完毕时刃脚标高(m)	××
基底平整后高于(低于)刃脚下(mm)	按设计要求	刃脚下的土质	黏土
		挖土方法	人工
为核对预先勘察的地质资料,曾在沉井、沉箱中挖深井(钻孔),挖掘深度达刃脚下(m)			××
有无异常情况	无		
沉井、沉箱平面位置(在刃脚平面上)与设计位置的偏差	水平纵轴线偏移(mm)	××	
	水平横轴线偏移(mm)	××	

沉井、沉箱刃脚高差测量结果(m)	编号	1	2	3	4
	设计(m)	8.12	8.11	8.10	8.14
	实测(m)	8.12	8.10	8.09	8.13

检查结论:

符合设计及规范要求

参加人员	监理(建设)单位	施工单位		
		专业技术负责人	质检员	记录人
	×××	×××	×××	×××

沉井与沉箱基础检验批质量验收记录

01021501　001

单位（子单位）工程名称		××大厦	分部（子分部）工程名称	地基与基础/基础	分项工程名称		沉井与沉箱基础
施工单位		××建筑有限公司	项目负责人	赵斌	检验批容量		1件
分包单位		/	分包单位项目负责人	/	检验批部位		沉井
施工依据		《高层建筑筏形与箱形基础技术规范》JGJ6-2011	验收依据		《建筑地基基础工程施工质量验收规范》GB50202-2002		

		验收项目	设计要求及规范规定	最小/实际抽样数量	检查记录	检查结果
主控项目	1	混凝土强度	设计要求 C=30	/	检验合格，报告编号×××	√
	2	封底前，沉井(箱)的下沉稳定	<10mm/8h	全/1	检查1件，合格1件	√
	3	封底结束后的位置	刃脚平均标高（与设计标高比）<100mm	全/1	检查1件，合格1件	√
			刃脚平面中心线位移 <1%H (H=8000mm)	全/1	检查1件，合格1件	√
			四角中任何两角的底面高差 <1%L (L=7000mm)	全/1	检查1件，合格1件	√
一般项目	1	钢材、对接钢筋、水泥、骨料等原材料检查	设计要求		质量证明文件齐全，试验合格，报告编号×××	√
	2	结构体外观	无裂缝、无风窝、空洞，不露筋		质量证明文件齐全，通过进场验收	√
	3	平面尺寸	长与宽 ±0.5%	全/1	检查1件，合格1件	100%
			曲线部分半径 ±0.5%	全/1	检查1件，合格1件	100%
			两对角线差 1.0%	全/1	检查1件，合格1件	100%
			预埋件 20mm	全/1	检查1件，合格1件	100%
	4	下沉过程中的偏差	高差 1.5%～2.0%	全/1	检查1件，合格1件	100%
			平面轴线 <1.5%H (H=8000mm)	全/1	检查1件，合格1件	100%
	5	封底混凝土坍落度	18～22cm	/	抽查一次，坍落度合格	√

施工单位检查结果	符合要求 专业工长：　王乐兴 项目专业质量检查员：　郝保取 2014年××月××日
监理单位验收结论	合格 专业监理工程师：　刘东 2014年××月××日

《沉井与沉箱基础检验批质量验收记录》填写说明

1. 填写依据

(1)《建筑地基基础工程施工质量验收规范》GB 50202—2002。

(2)《建筑工程施工质量验收统一标准》GB 50300—2013。

2. 规范摘要

以下内容摘录自《建筑地基基础工程施工质量验收规范》GB 50202—2002。

验收要求

(1)沉井与沉箱

1)沉井是下沉结构,必须掌握确凿的地质资料,钻孔可按下述要求进行:

①面积在 200m² 以下(包括 200m²)的沉井(箱),应有一个钻孔(可布置在中心位置)。

②面积在 200m² 以上的沉井(箱)在四角(圆形为相互垂直的两直径端点)应各布置一个钻孔。

③特大沉井(箱)可根据具体情况增加钻孔。

④钻孔底标高应深于沉井的终沉标高。

⑤每座沉井(箱)应有一个钻孔提供土的各项物理力学指标、地下水位和地下水含量资料。

2)沉井(箱)的施工应由具有专业施工经验的单位承担。

3)沉井制作时,承垫木或砂垫层的采用,与沉井的结构情况、地质条件、制作高度等有关。无论采用何种形式,均应有沉井制作时的稳定计算及措施。

4)多次制作和下沉的沉井(箱),在每次制作接高时,应对下卧层作稳定复核计算,并确定确保沉井接高的稳定措施。

5)沉井采用排水封底,应确保终沉时,井内不发生管涌、涌土及沉井止沉稳定。如不能保证时,应采用水下封底。

6)沉井施工除应符合本规范规定外,尚应符合现行国家标准《混凝土结构工程施工质量验收规范》GB 50204 及《地下防水工程施工质量验收规范》GB 50208 的规定。

7)沉井(箱)在施工前应对钢筋、电焊条及焊接成形的钢筋半成品进行检验。如不用商品混凝土,则应对现场的水泥、骨料做检验。

8)混凝土浇筑前,应对模板尺寸、预埋件位置、模板的密封性进行检验。拆模后应检查浇注质量(外观及强度),符合要求后方可下沉。浮运沉井尚需做起浮可能性检查。下沉过程中应对下沉偏差做过程控制检查。下沉后的接高应对地基强度、沉井的稳定做检查。封底结束后,应对底板的结构(有无裂缝)及渗漏做检查。有关渗漏验收标准应符合现行国家标准《地下防水工程施工质量验收规范》GB 50208 的规定。

9)沉井(箱)破工后的验收应包括沉井(箱)的平面位置、终端标高、结构完整性、渗水等进行综合检查。

10)沉井(箱)的质量检验标准应符合表 3-16 的要求。

表 3-16 沉井(箱)的质量检验标准

项	序	检查项目	允许偏差或允许值		检查方法
			单位	数值	
主控项目	1	混凝土强度	满足设计要求(下沉前必须达到70%设计强度)		查试件记录或抽样送检
	2	封底前,沉井(箱)的下沉稳定	mm/8h	＜10	水准仪
	3	封底结束后的位置:刃脚平均标高(与设计标高比)	mm	＜100	水准仪
		刃脚平面中心线位移		＜1%H	经纬仪,H 为下沉总深度,H＜10m 时,控制在 100mm 之内
		四角中任何两角的底面高差		＜1%L	水准仪,L 为两角的距离,但不超过 300rnm,L＜10m 时,控制在 100mm 之内
一般项目	1	钢材、对接钢筋、水泥、骨料等原材料检查	符合设计要求		查出厂质保书或抽样送检
	2	结构体外观	无裂缝,无风窝,空洞,不露筋		直观
	3	平面尺寸:长与宽	%	±0.5	用钢尺量,最大控制在 100mm 之内
		曲线部分半径	%	±0.5	用钢尺量,最大控制在 50mm 之内
		两对角线差	%	1.0	用钢尺量
		预埋件	mm	20	用钢尺量
	4	下沉过程中的偏差 高差	%	1.5～2.0	水准仪,但最大不超过 1m
		下沉过程中的偏差 平面轴线		＜1.5%H	经纬仪,H 为下沉深度,最大应控制在 300mm 内,此数值不包括高差引起的中线位移
	5	封底混凝土坍落度	cm	18～22	坍落度测定器

注:主控项目 3 的三项偏差可同时存在,下沉总深度,系指下沉前后刃脚之高差。

第4章

基坑支护工程资料及范例

基坑支护子分部工程应参考的标准及规范清单(含各分项工程)

《建筑工程施工质量验收统一标准》(GB 50300—2013)

《建筑地基基础工程施工规范》(GB 51004—2015)

《建筑基坑支护技术规程》(JGJ 120—2012)

《混凝土结构工程施工质量验收规范》(GB 50204—2015)

《钢筋焊接及验收规程》(JGJ 18—2012)

《钢筋混凝土用余热处理钢筋》(GB 13014—2013)

《钢筋混凝土用钢 第 1 部分:热轧光圆钢筋》(GB 1499.1—2008)

《钢筋混凝土用钢 第 2 部分:热轧带肋钢筋》(GB 1499.2—2007)

《钢筋混凝土用钢 第 3 部分:钢筋焊接网》(GB 1499.3—2010)

《碳素结构钢》(GB 700—2006)

《冷轧带肋钢筋》(GB 13788—2008)

《低碳钢热轧圆盘条》(GB/T 701—2008)

《冷轧扭钢筋》(JG 190—2006)

《冷轧带肋钢筋混凝土结构技术规程》(JGJ 95—2011)

《冷轧扭钢筋混凝土构件技术规程》(JGJ 115—2006)

《钢筋焊接网混凝土结构技术规程》(JGJ 114—2014)

《钢筋机械连接通用技术规程》(JGJ 107—2010)

《混凝土结构设计规范》(GB 50010—2010)

《混凝土结构工程施工质量验收规范》(GB 50204—2015)

《混凝土质量控制标准》(GB 50164—2011)

《混凝土强度检验评定标准》(GB/T50107—2010)

《普通混凝土拌合物性能试验方法标准》(GB/T 50080—2002)

《普通混凝土力学性能试验方法标准》(GB/T 50081—2002)

《普通混凝土配合比设计规程》(JGJ 55—2011)

《建筑工程冬期施工规程》(JGJ 104—2011)

《通用硅酸盐水泥》GB175—2007

《普通混凝土用砂、石质量及检验方法标准》JGJ52—2006

《建筑用砂》(GB/T 14684—2011)

《建筑用卵石、碎石》(GB/T 14685—2011)

《粉煤灰混凝土应用技术规范》(GB/T 50146—2014)

《用于水泥和混凝土中的粉煤灰》(GB/T 1596—2005)

《混凝土外加剂》(GB 8076—2008)

《砂浆、混凝土防水剂》(JC 474—2008)

《混凝土防冻剂》(JC 475—2004)

《喷射混凝土用速凝剂》(JC 477—2005)

《混凝土外加剂应用技术规范》(GB 50119—2013)

《混凝土外加剂中释放氨的限量》(GB 18588—2001)

《混凝土泵送施工技术规程》(JGJ/T 10—2011)

《混凝土用水标准》(JGJ 63—2006)

《蒸压加气混凝土性能试验方法》(GB/T 11969—2008)

《复合土钉墙基坑支护技术规范》(GB 50739—2011)

《大体积混凝土施工规范》(GB 50496—2009)

一册在手 表格全有 贴近现场 资料无忧

4.1　灌注桩排桩围护墙

4.1.1　灌注桩排桩围护墙工程资料列表

(1)勘察设计文件

1)施工区域的岩土工程勘察报告

2)排桩墙的设计文件

3)施工区域内地下管线、设施、障碍资料

4)相邻建筑基础资料

5)施工区域的测量资料

(2)施工技术资料

1)工程技术文件报审表

2)经审批后的支护结构施工方案

3)有资质单位出具的监测方案

4)排桩墙支护工程技术交底记录

(3)施工物资资料

1)工程物资进场报验表

2)材料、构配件进场检验记录

3)钢材、水泥、砂、石、外加剂、掺合料等质量证明文件及复试报告

4)预拌混凝土出厂合格证(采用预拌混凝土时)

5)预制混凝土方桩、预制混凝土板桩的质量证明文件

(4)施工记录

1)隐蔽工程验收记录

2)基坑支护变形监测记录

3)钢筋混凝土预制桩排桩墙打桩施工记录

4)钢筋混凝土预制桩排桩墙压桩施工记录

5)钢筋混凝土灌注桩排桩墙施工记录

6)振动冲击沉管灌注桩排桩墙施工记录

7)干作业成孔灌注桩排桩墙施工记录

8)湿作业成孔灌注桩排桩墙施工记录

9)钢板桩排桩墙打桩施工记录

10)有关混凝土灌注桩排桩墙的施工记录(混凝土浇灌申请、开盘鉴定等)

(5)施工试验记录及检测报告

1)桩工艺性试验记录

2)有关混凝土灌注桩排桩墙的施工试验记录

(6)施工质量验收记录

1)混凝土灌注桩(钢筋笼)检验批质量验收记录

2)混凝土灌注桩检验批质量验收记录

3)排桩墙支护分项工程质量验收记录表

4.1.2 灌注桩排桩围护墙工程资料填写范例

工程物资进场报验表		编 号	×××
工 程 名 称	××大厦	日 期	2015 年×月×日

现报上关于 ___基坑___ 工程的物资进场检验记录,该批物资经我方检验符合设计、规范及合约要求,请予以批准使用。

物资名称	主要规格	单 位	数 量	选样报审表编号	使用部位
水泥	P·O 32.5	t	130	/	基础①~⑧/Ⓐ~⊗轴
砂	中砂	m³	400	/	基础①~⑧/Ⓐ~⊗轴
碎石	5~31.5mm	m³	400	/	基础①~⑧/Ⓐ~⊗轴
钢筋	HRB 335 ф 25	t	20.25	/	基础①~⑧/Ⓐ~⊗轴

附件: 名 称 页 数 编 号
1.☑ 出厂合格证 ___×___ 页 ××
2.☑ 厂家质量检验报告 ___×___ 页 ××
3.□ 厂家质量保证书 _____ 页
4.□ 商检证 _____ 页
5.☑ 进场检验记录 ___×___ 页 ××
6.☑ 进场复试报告 ___×___ 页 ×× ×× ×× ××
7.□ 备案情况 _____ 页
8.□ _____ 页

申报单位名称:××基础工程有限公司 申报人(签字):×××

施工单位检验意见:

报验的工程材料的质量证明文件齐全,同意报项目监理部审批。

☑有 / □无 附页

施工单位名称:××建设工程有限公司 技术负责人(签字):××× 审核日期:2015 年×月×日

验收意见:

1. 物资质量控制资料齐全、有效。

2. 材料试验合格。

同意承包单位检验意见,该批物资可以进场使用于本工程指定部位。

审定结论:	☑同意	□补报资料	□重新检验	□退场

监理单位名称:××建设监理有限公司 监理工程师(签字):××× 验收日期:2015 年×月×日

本表由施工单位填报,建设单位、监理单位、施工单位各存一份。

材料、构配件进场检验记录				编　号		×　×　×	
工程名称		×　×工程		检验日期		2015 年×月×日	
序号	名　称	规格型号	进场数量	生产厂家 合格证号	检验项目	检验结果	备　注
1	水泥	P·O 32.5	130t	××公司 ×××	外观检查、质量证明文件	合格	
2	砂	中砂	400m³	××公司 ×××	外观检查、质量证明文件	合格	
3	碎石	5～31.5mm	400m³	××公司 ×××	外观检查、质量证明文件	合格	
4	钢筋	HRB 335 Φ 25	20.25t	××公司 ×××	外观检查、质量证明文件	合格	

检验结论：

　　以上材料经外观检查合格，质量证明文件齐全、有效，同意验收。

签 字 栏	建设(监理)单位	施工单位	××建设工程有限公司	
		专业质检员	专业工长	检验员
	×××	×××	×××	×××

本表由施工单位填写并保存。

钢材试验报告

委托单位:××建设集团有限公司　　　　　　　　　　　　试验编号:×××

工程名称	××工程	使用部位	基坑
委托日期	2015 年 6 月 14 日	报告日期	2015 年 6 月 16 日
试样名称	结构钢工型钢	检验类别	委托
产　　地	××钢铁有限公司	代表数量	56.78t

试件规格	机 械 性 能				硬度( )	冲击韧性 MPa	化 学 成 分（%）					
	屈服点（MPa）	抗拉强度（MPa）	伸长率 δ_5（%）	冷弯 $d=a$			碳 C	硫 S	锰 Mn	磷 P	硅 Si	
结构钢 Q235B	244	375	34									
	225	390	37									
依据标准和结论	《碳素结构钢》(GB/T 700－2006)复试符合 Q235B 要求合格											
备　注	本报告未经书面同意不得部分复印 见证单位:××工程监理公司 见证人:××× 试件来源:见证取样											

试验单位:××质量检测中心　　技术负责人:×××　　　　审核:×××　　　　试(检)验:×××

注:当需要进行化学分析时应用此表。

《钢材试验报告表》填写说明

钢材试验报告是指对钢材机械性能和化学成分进行检测后由试验单位出具的试验证明文件。

1. 责任部门

试验单位提供,项目试验收集。

2. 提交时限

正式使用前提交,复验时间 3d 左右。

3. 填写要点

(1)委托单位:提请试验的单位。

(2)试验编号:由试验室按收到试件的顺序统一排列编号。

(3)工程名称及使用部位:按委托单上的工程名称及使用部位填写。

(4)试样名称:指试验钢材的型号、种类。

(5)检验类别:有委托、仲裁、抽样、监督和对比五种,按实际填写。

(6)代表数量:试件所能代表的用于某一工程的钢材数量。

(7)检验结论:按实际填写,必须明确合格或不合格。

4. 相关要求

(1)结构中所用的钢材应有出厂合格证和复试报告;无出厂合格证时,应同时做机械性能和化学成分检验。

(2)钢材如无出厂合格证原件,有抄件或原件复印件亦可,但抄件或原件复印件上要注明原件存放单位,抄件人和抄件、复印件单位签名并盖公章。

(3)试验、审核、技术负责人签字齐全并加盖试验单位公章。

基坑支护水平位移监测记录

工程名称	××大厦工程			编　　号	×××
基坑支护部位	基坑①～⑮	支护日期	2015 年 5 月 8 日	支护方案编号	××
施工单位	××建筑工程有限公司	验收日期	2015 年 8 月 28 日	监测单位	××工程测量有限公司
支护验收结果	合格	监理工程师	李××	监测开始日期	2015 年 8 月 30 日

设计方案规定控制变形值(mm)

变形监测记录(实际变形值)(mm)								检测人员签字
检测次数	检测时间	A	B	C	D	E	F	
1	××年 ×月×日	1	2	1	0	1	1	王××、李××
2	××年 ×月×日	0	0	1	1	1	2	王××、李××
3	××年 ×月×日	1	1	1	1	0	0	王××、李××
4	××年 ×月×日	0	1	0	1	1	1	王××、李××
5	××年 ×月×日	0	0	0	0	0	1	王××、李××
6	××年 ×月×日	0	0	0	0	0	0	王××、李××
7	××年 ×月×日	0	0	0	0	0	0	王××、李××
8	××年 ×月×日	0	0	0	0	0	0	王××、李××
9	××年 ×月×日	0	0	0	0	0	0	王××、李××
10	××年 ×月×日	1	0	0	0	0	0	王××、李××

监测点简图:

　　实际变形值必须控制在设计控制值内,如发生超出控制值等异常情况,应及时处理,必须达到正常情况后再继续施工。

签字栏	施工单位	××建设工程有限公司	专业技术负责人	专业质检员	施测人
			王××	李××	杜××
	监理单位	××工程建设监理有限公司	专业监理工程师		宋××

《基坑支护水平位移监测记录》填写说明

基坑工程支护水平位移观测,应采用精密仪器进行,每次监测后都要对数据进行整理,按本表的要求填写。监测结果出现异常,应立即采取措施进行处理。

一、填写依据

(1)《工程测量规范》GB 50026—2007;

(2)《建筑变形测量规范》JGJ 8;

(3)《建筑基坑工程监测技术规范》GB 50497—2009。

二、表格解析

1. 责任部门

施测单位项目专业技术负责人、专业质检员、测量员,项目监理机构专业监理工程师等。

2. 相关要求

(1)一般要求

1)监测方法的选择应根据基坑等级、精度要求、设计要求、场地条件、地区经验和方法适用性等因素综合确定,监测方法应合理易行。

2)变形监测网的基准点、工作基点布设应符合下列要求:

①每个基坑工程至少应有 3 个稳定、可靠的点作为基准点;

②工作基点应选在稳定和方便使用的位置。在通视条件良好、距离较近、观测项目较少的情况下,可直接将基准点为工作基点;

③监测期间,应定期检查工作基点和基准点的稳定性。

3)监测仪器、设备和元件应符合下列规定:

①满足观测精度和量程的要求,且应具有良好的稳定性和可靠性;

②应经过校准或标定,且校核记录和标定资料齐全,并应在规定的校准有效期内使用;

③监测过程中应定期进行监测仪器、设备的维护保养、检测以及监测元件的检查。

4)对同一监测项目,监测时宜符合下列要求:

①采用相同的观测方法和观测路线;

②使用同一监测仪器和设备;

③固定观测人员;

④在基本相同的环境和条件下工作。

5)监测项目初始值应在相关施工工序之前测定,并取至少连续观测 3 次的稳定值的平均值。

6)地铁、隧道等其他基坑周边环境的监测方法和监测精度应符合相关标准的规定以及主管部位的要求。

7)除使用《建筑基坑工程监测技术规范》GB 50497—2009 规定的监测方法外,亦可采用能达到本规范规定精度要求的其他方法。

(2)水平位移监测

1)测定特定方向上的水平位移时,可采用视准线法、小角度法、投点法等;测定监测点任意方向的水平位移时,可视监测点的分布情况,采用前方交会法、后方交会法、极坐标法等;当测点与基准点无法通视或距离较远时,可采用 GPS 测量法或三角、三边、边角测量与基准线法相结合的综合测量方法。

2)水平位移监测基准点的埋设应符合国家现行标准《建筑变形测量规范》JGJ 8 的有关规定,

宜设置有强制对中的观测墩,并且采用精密的光学对中装置,对中误差不宜大于 0.5mm。

3)基坑围护墙(边坡)顶部、基坑周边管线、邻近建筑水平位移监测精度应根据其水平位移报警值按表 4-1 确定。

表 4-1　　　　　　　　　基坑维护墙(坡)顶水平位移监测精度要求(mm)

水平位移 报警值	累计值 D(mm)	$D<20$	$20\leqslant D<40$	$40\leqslant D\leqslant 60$	$D>60$
	变化速率 V_D(mm/d)	$V_D<2$	$2\leqslant V_D<4$	$4\leqslant V_D<6$	$V_D>6$
监测点坐标中误差		$\leqslant 0.3$	$\leqslant 1.0$	$\leqslant 1.5$	$\leqslant 3.0$

注:1. 监测点坐标中误差,是指监测点相对测站点(如工作基点等)的坐标中误差,为点位中误差的 1/2;

　　2. 当根据累计值和变化速率选择精度要求不一致时,水平位移监测精度优先按变化速度报警值的要求确定;

　　3. 本规范以中误差作为衡量精度的标准。

(3)深层水平位移

1)围护墙体或土体深层水平位移的监测宜采用在墙体或土体中预埋测斜管、通过测斜仪观测各深度处水平位移的方法。

2)测斜仪的系统精度不宜低于 0.25mm/m,分辨率不宜低于 0.02mm/500mm。

3)测斜管应在基坑开挖 1 周前埋设,埋设时应符合下列要求:

①埋设前应检查测斜管质量,测斜管连接时应保证上、下管段的导槽相互对准、顺畅,各段接头及管底应保证密封;

②测斜管埋设时应保持竖直,防止发生上浮、断裂、扭转;测斜管一对导槽的方向应与所需测量的位移方向保持一致;

③当采用钻孔法埋设时,测斜管与钻孔之间的孔隙应填充密实。

4)测斜仪探头置入测斜管底后,应待探头接近管内温度时再量测,每个监测点均应进行正、反两次量测。

5)当以上部管口作为深层水平位移的起算点时,每次监测均应测定管口坐标的变化并修正。

(4)监测报警

1)基坑工程监测报警值应符合基坑工程设计的限值、地下主体结构设计要求以及监测对象的控制要求。基坑工程监测报警值由基坑工程设计方确定。

2)基坑内、外地层位移控制位符合下列要求:

①不得导致基坑的失稳;

②不得影响地下结构的尺寸、形状和地下工程的正常施工;

③对周边已有建筑物引起的变形不得超过相关技术规范的要求或影响其正常使用;

④不得影响周边道路、管线、设施等正常使用;

⑤满足特殊环境的技术要求。

3)基坑工程监测报警值应由监测项目的累计变化量和变化速率值共同控制。

4)基坑及支护结构监测报警值应根据监测项目、支护结构的特点和基坑等级确定,可参考表 4-2。

表 4-2　　　　　　　　　　　　　　　　　基坑及支护结构临测报警值

序号	监测项目	支护结构类型	一级 累计值 绝对值(mm)	一级 累计值 相对基坑深度(h)控制值	一级 变化速率(mm/d)	二级 累计值 绝对值(mm)	二级 累计值 相对基坑深度(h)控制值	二级 变化速率(mm/d)	三级 累计值 绝对值(mm)	三级 累计值 相对基坑深度(h)控制值	三级 变化速率(mm/d)
1	围护墙(边坡)顶部水平位移	放坡、土钉墙、喷锚支护、水泥土墙	30~35	0.3%~0.4%	5~10	50~60	0.6%~0.8%	10~15	70~80	0.8%~1.0%	15~20
		钢板桩、灌注桩、型钢水泥土墙、地下连续墙	25~30	0.2%~0.3%	2~3	40~50	0.5%~0.7%	4~6	60~70	0.6%~0.8%	8~10
2	围护墙(边坡)顶部竖向位移	放坡、土钉墙、喷锚支护、水泥土墙	20~40	0.3%~0.4%	3~5	50~60	0.6%~0.8%	5~8	70~80	0.8%~1.0%	8~10
		钢板桩、灌注桩、型钢水泥土墙、地下连续墙	10~20	0.1%~0.2%	2~3	25~30	0.3%~0.5%	3~4	35~40	0.5%~0.6%	4~5
3	深层水平位移	水泥土墙	30~35	0.3%~0.4%	5~10	50~60	0.6%~0.8%	10~15	70~80	0.8%~1.0%	15~20
		钢板桩	50~60	0.6%~0.7%	2~3	80~85	0.7%~0.8%	4~6	90~100	0.9%~1.0%	8~10
						75~80	0.7%~0.8%		80~90	0.9%~1.0%	
		型钢水泥土墙	50~55	0.5%~0.6%		70~75	0.6%~0.7%		70~80	0.8%~0.9%	
						70~75	0.7%~0.8%		80~90	0.9%~1.0%	
		灌注桩	45~50	0.4%~0.5%							
		地下连续墙	40~50	0.4%~0.5%							
4	立柱竖向位移		25~35	—	2~3	35~45	—	4~6	55~65	—	8~10
5	基坑周边地表竖向位移		25~35		2~3	50~60		4~6	60~80		8~10
6	坑底回弹		25~35		2~3	50~60		4~6	60~80		8~10
7	土压力		$(60\%{\sim}70\%)f_1$		—	$(70\%{\sim}80\%)f_1$		—	$(70\%{\sim}80\%)f_1$		—
8	孔隙水压力										
9	支撑内力		$(60\%{\sim}70\%)f_2$		—	$(70\%{\sim}80\%)f_2$		—	$(70\%{\sim}80\%)f_2$		—
10	围护墙内力										
11	立柱内力										
12	锚杆内力										

注:1. h 为基坑设计开挖深度,f_1 为荷载设计值,f_2 为构件承载能力设计值;

    2. 累计值取绝对值和相对基坑深度(h)控制值两者的小值;

    3. 当监测项目的变化速率达到表中规定值或连续 3d 超过该值的 70%,应报警;

    4. 嵌岩的灌注桩或地下连续墙位移报警值宜按表中数值的 50% 取用。

(5)基坑周边环境监测报警值的限值应根据主管部门的要求确定,如无具体规定,可参考表 4-3 确定。

表 4-3   建筑基坑工程周边环境监测报警值

监测对象		项目	累计值(mm)	变化速率(mm/d)	备注
1	地下水位变化		1000	500	—
2	管线位移	刚性管道 压力	10～30	1～3	直接观察点数据
		刚性管道 非压力	10～40	3～5	
		柔性管线	10～40	3～5	
3	邻近建(构)筑物		10～60	10～60	—
4	裂缝宽度	建筑	1.5～3	持续发展	—
		地表	10～15	持续发展	—

注:建筑整体倾斜度累计值达到 2/1000 或倾斜速度连续 3d 大于 $0.0001H/d$(H 为建筑承重结构高度)时应报警。

6)基坑周边建筑、管线的报警值除考虑基坑开挖造成的变形,尚应考虑其原有变形的影响。

7)当出现下列情况之一时,必须立即进行危险报警,并应对基坑支护结构和周边环境中的保护对象采取应急措施。

①监测数据达到监测报警值的累计值;

②基坑支护结构或周边土体的位移值突然明显增大或基坑出现流沙、管涌、隆起、陷落或较严重的渗漏等;

③基坑支护结构的支撑或锚杆体系出现过大变形、压屈、断裂、松弛或拔出的迹象;

④周边建筑的结构部分、周边地面出现较严重的突发裂缝或危害结构的变形裂缝;

⑤周边管线变形突然明显增长或出现裂缝、泄漏等;

⑥根据当地工程经验判断,出现其他必须进行危险报警的情况。

排桩墙支护 分项工程质量验收记录表

单位(子单位)工程名称		××工程	结构类型	框架
分部(子分部)工程名称		有支护土方	检验批数	2
施工单位	××建设工程有限公司		项目经理	×××
分包单位	/		分包项目经理	/

序号	检验批名称及部位、区段	施工单位检查评定结果	监理(建设)单位验收结论
1	基础①~⑫/Ⓐ~Ⓖ轴	√	
2	基础⑫~㉕/Ⓐ~Ⓖ轴	√	
			验收合格

说明:

检查结论	基础①~㉕/Ⓐ~Ⓖ轴排桩墙施工质量符合《建筑地基基础工程施工质量验收规范》(GB 50202—2002)的规定,排桩分项工程合格。 项目专业技术负责人:××× 2015 年×月×日	验收结论	同意施工单位检查结论,验收合格。 监理工程师:××× (建设单位项目专业技术负责人) 2015 年×月×日

注:地基基础、主体结构工程的分项工程质量验收不填写"分包单位"、"分包项目经理"。

4.2 板桩围护墙

4.2.1 板桩围护墙工程资料列表

(1)勘察设计文件

1)施工区域的岩土工程勘察报告

2)排桩墙桩的设计文件

3)施工区域内地下管线、设施、障碍资料

4)相邻建筑基础资料

5)施工区域的测量资料

(2)施工技术资料

1)工程技术文件报审表

2)经审批后的支护结构施工方案

3)有资质单位出具的监测方案

4)板桩围护墙工程技术交底记录

(3)施工物资资料

1)工程物资进场报验表

2)材料、构配件进场检验记录

3)钢板桩质量证明文件

4)混凝土板桩质量证明文件

(4)施工记录

1)隐蔽工程验收记录

2)基坑支护变形监测记录

3)重复使用钢板桩围护墙施工记录

4)混凝土板桩施工记录

(5)施工试验记录及检测报告

有关围护墙的施工试验记录

(6)施工质量验收记录

1)重复使用钢板桩围护墙检验批质量验收记录

2)混凝土板桩围护墙检验批质置验收记录

3)板桩围护墙分项工程质量验收记录表

4.2.2　板桩围护墙工程资料填写范例

重复使用钢板桩围护墙检验批质量验收记录

01030201　001

单位（子单位）工程名称	××大厦		分部（子分部）工程名称	地基与基础/基坑支护	分项工程名称	板桩围护墙
施工单位	××建筑有限公司		项目负责人	赵斌	检验批容量	180 根
分包单位	/		分包单位项目负责人	/	检验批部位	1～7 轴局部基槽边坡
施工依据	《建筑桩基技术规范》JGJ94-2008			验收依据	《建筑地基基础工程施工质量验收规范》GB50202-2002	

		验收项目	设计要求及规范规定	最小/实际抽样数量	检查记录	检查结果
主控项目	1	桩垂直度	<1%L（L=8000mm）	36/36	抽查 36 根，合格 36 根	√
	2	桩身弯曲度	<2%L（L=8000mm）	36/36	抽查 36 根，合格 36 根	√
	3	齿槽平直度及光滑度	无电焊渣或毛刺	36/36	抽查 36 根，合格 36 根	√
	4	桩长度	不小于设计长度（D=360mm）	36/36	抽查 36 根，合格 36 根	√

施工单位检查结果	符合要求 专业工长： 项目专业质量检查员： *王东忠*　*郝保敬* 2014 年××月××日
监理单位验收结论	合格 专业监理工程师： *刘东*

《重复使用钢板桩围护墙检验批质量验收记录》填写说明

1. 填写依据

(1)《建筑地基基础工程施工质量验收规范》GB 50202—2002。

(2)《建筑工程施工质量验收统一标准》GB 50300—2013。

2. 规范摘要

以下内容摘录自《建筑地基基础工程施工质量验收规范》GB 50202—2002。

验收要求

(1)一般规定

1)在基坑(槽)或管沟工程等开挖施工中,现场不宜进行放坡开挖,当可能对邻近建(构)筑物、地下管线、永久性道路产生危害时,应对基坑(槽)、管沟进行支护后再开挖。

2)基坑(槽)、管沟开挖前应做好下述工作:

①基坑(槽)、管沟开挖前,应根据支护结构形式、挖深、地质条件、施工方法、周围环境、工期、气候和地面载荷等资料制定施工方案、环境保护措施、监测方案,经审批后方可施工。

②土方工程施工前,应对降水、排水措施进行设计,系统应经检查和试运转,一切正常时方可开始施工。

③有关围护结构的施工质量验收可按 GB 50202 第 4 章、第 5 章及本章 7.2、7.3、7.4、7.6、7.7 的规定执行,验收合格后方可进行土方开挖。

3)土方开挖的顺序、方法必须与设计工况一致,并遵循"开槽支撑,先撑后挖,分层开挖,严禁超挖"的原则。

4)基坑(槽)管沟的挖土应分层进行。在施工过程中基坑(槽)、管沟边堆置土方不应超过设计荷载,挖方时不应碰撞或损伤支护结构、降水设施。

5)基坑(槽)、管沟土方施工中应对支护结构、周围环境进行观察和监测,如出现异常情况应及时处理,待恢复正常后方可继续施工。

6)基坑(槽)、管沟开挖至设计标高后,应对坑底进行保护,经验槽合格后,方可进行垫层施工。对特大型基坑,宜分区分块挖至设计标高,分区分块及时浇筑垫层。必要时,可加强垫层。

7)基坑(槽)、管沟土方工程验收必须确保支护结构安全和周围环境安全为前提。当设计有指标时,以设计要求为依据,如无设计指标时应按表 4-4 的规定执行。

表 4-4　　　　　　　基坑变形的监控值(mm)

基坑类别	围护结构墙顶位移监控值	围护结构墙体最大位移监控值	地面最大沉降监控值
一级基坑	3	5	3
二级基坑	6	8	6
三级基坑	8	10	10

注:1.符合下列情况之一,为一级基坑:

(1)重要工程或支护结构做主体结构的一部分;

(2)开挖深度大于 10m;

(3)与临近建筑物,重要设施的距离在开挖深度以内的基坑;

(4)基坑范围内有历史文物、近代优秀建筑、重要管线等需严加保护的基坑。

2.三级基坑为开挖深度小于 7m,且周围环境无特别要求时的基坑。

3.除一级和三级外的基坑属二级基坑。

4.当周围已有的设施有特殊要求时,尚应符合这些要求。

（2）排桩墙支护工程

1）排桩墙支护结构包括灌注桩、预制桩、板桩等类型桩构成的支护结构。

2）灌注桩、预制桩的检验标准应符合本规范第 5 章的规定。钢板桩均为工厂成品，新桩可按出厂标准检验，重复使用的钢板桩应符合表 4-5 的规定，混凝土板桩应符合表 4-6 的规定。

表 4-5　　　　　　　　　　　　重复使用的钢板桩检验标准

序	检查项目	允许偏差或允许值		检查方法
		单位	数值	
1	桩垂直度	％	＜1	用钢尺量
2	桩身弯曲度		＜2％L	用钢尺量，L 为桩长
3	齿槽平直度及光滑度	无电焊渣或毛刺		用 1m 长的桩端做通过试验
4	桩长度	不小于设计长度		用钢尺量

表 4-6　　　　　　　　　　　　混凝土板桩制作标准

项	序	检查项目	允许偏差或允许值		检查方法
			单位	数值	
主控项目	1	桩长度	mm	＋10 0	用钢尺量
	2	桩身弯曲度		＜0.1％l	用钢尺量，L 为桩长
一般项目	1	保护层厚度	mm	±5	用钢尺量
	2	模截面相对两面之差	mm	5	用钢尺量
	3	桩尖对桩轴线的位移	mm	10	用钢尺量
	4	桩厚度	mm	＋10 0	用钢尺量
	5	凹凸槽尺寸	mm	±3	用钢尺量

3）排桩墙支护的基坑，开挖后应及时支护，每一道支撑施工应确保基坑变形在设计要求的控制范围内。

4）在含水地层范围内的排桩墙支护基坑，应有确实可靠的止水措施，确保基坑施工及邻近构筑物的安全。

混凝土板桩围护墙检验批质量验收记录

01030202___001

单位(子单位)工程名称	××大厦	分部(子分部)工程名称	地基与基础/基坑支护	分项工程名称	板桩围护墙
施工单位	××建筑有限公司	项目负责人	赵斌	检验批容量	180根
分包单位	/	分包单位项目负责人	/	检验批部位	1～7轴局部基槽边坡
施工依据	《建筑桩基技术规范》JGJ94-2008		验收依据	《建筑地基基础工程施工质量验收规范》GB50202-2002	

		验收项目	设计要求及规范规定	最小/实际抽样数量	检查记录	检查结果
主控项目	1	桩长度	+10mm −0mm	36/36	抽查36根,合格36根	√
	2	桩身弯曲度	<0.1%Lmm (L=12000mm)	36/36	抽查36根,合格36根	√
一般项目	1	保护层厚度	±5mm	36/36	抽查36根,合格35根	97.2%
	2	横截面相对两面之差	5mm	36/36	抽查36根,合格36根	100%
	3	桩尖对桩轴线的位移	10mm	36/36	抽查36根,合格36根	100%
	4	桩厚度	+10mm,0mm	36/36	抽查36根,合格35根	97.2%
	5	凹凸槽尺寸	±3mm	36/36	抽查36根,合格35根	97.2%

施工单位检查结果	符合要求 专业工长: 项目专业质量检查员: 王乐忠 郝保取 2014年××月××日
监理单位验收结论	合格 专业监理工程师: 刘东 2014年××月××日

《混凝土板桩围护墙检验批质量验收记录》填写说明

1. 填写依据

(1)《建筑地基基础工程施工质量验收规范》GB 50202—2002。

(2)《建筑工程施工质量验收统一标准》GB 50300—2013。

2. 规范摘要

一般规定、排桩墙支护工程参见"重复使用钢板桩排桩墙检验批质量验收记录"验收要求的相关内容。

4.3　咬合桩围护墙

4.3.1　咬合桩围护墙工程资料列表

(1)勘察设计文件

1)施工区域的岩土工程勘察报告

2)咬合桩围护墙设计文件

3)施工区域内地下管线、设施、障碍资料

4)相邻建筑基础资料

5)施工区域的测量资料

(2)施工技术资料

1)工程技术文件报审表

2)经审批后的支护结构施工方案

3)有资质单位出具的监测方案

4)咬合桩围护墙工程技术交底记录

(3)施工物资资料

1)工程物资进场报验表

2)材料、构配件进场检验记录

3)钢材、水泥、砂、石、外加剂、掺合料等质量证明文件及复试报告

4)预拌混凝土出厂合格证(采用预拌混凝土时)

(4)施工记录

1)隐蔽工程验收记录

2)基坑支护变形监测记录

3)咬合桩围护墙施工记录

(5)施工试验记录及检测报告

1)桩工艺性试验记录

2)有关咬合桩围护墙工程的施工试验记录

(6)施工质量验收记录

1)咬合桩围护墙工程检验批质量验收记录表

2)咬合桩围护墙分项工程质量验收记录表

4.4　型钢水泥土搅拌墙

4.4.1　型钢水泥土搅拌墙工程资料列表

（1）勘察设计文件

1）施工区域的岩土工程勘察报告

2）型钢水泥土搅拌墙的设计文件

3）施工区域内地下管线、设施、障碍资料

4）相邻建筑基础资料

5）施工区域的测量资料

（2）施工技术资料

1）工程技术文件报审表

2）经审批后的支护结构施工方案

3）有资质单位出具的监测方案

4）型钢水泥土搅拌墙工程技术交底记录

（3）施工物资资料

1）工程物资进场报验表

2）材料、构配件进场检验记录

3）钢材、水泥、砂、石、外加剂、掺合料等质量证明文件及复试报告

（4）施工记录

1）隐蔽工程验收记录

2）基坑支护变形监测记录

3）型钢水泥土搅拌墙施工记录

（5）施工试验记录及检测报告

有关型钢水泥土搅拌墙施工试验记录

（6）施工质量验收记录

1）型钢水泥土搅拌墙工程检验批质量验收记录表

2）型钢水泥土搅拌墙分项工程质量验收记录表

4.5 土钉墙

4.5.1 土钉墙工程资料列表

(1)勘察设计文件

1)工程周边环境调查及工程地质勘察报告

2)支护施工图纸

(2)施工技术资料

1)工程技术文件报审表

2)土钉墙施工方案

3)现场测试监控方案,应急预案

4)土钉墙支护工程技术交底记录

5)设计变更报告

(3)施工物资资料

1)工程物资进场报验表

2)材料、构配件进场检验记录

3)金属材料的出厂合格证、材料性能检验报告和复试报告

4)钢材(喷射混凝土面层内的钢筋网片及连接结构的钢材)出厂合格证或质量证明书和复试报告

5)水泥浆锚固体:水泥、粗骨料、中砂、化学添加剂等出厂合格证和试验报告

6)代用材料试验报告

(4)施工记录

1)隐蔽工程验收记录

2)监控量测的报告与资料(设计要求时)

①实际测点布置图

②测量原始记录表及整理汇总资料,现场监控量测记录表

③位移测量时态曲线图

④量测信息反馈结果记录

3)土钉墙土钉成孔施工记录

4)混凝土浇灌申请书

5)混凝土开盘鉴定

6)混凝土坍落度现场检查记录

7)混凝土施工记录

(5)施工试验记录及检测报告

1)基本试验记录

2)土钉锁定力(抗拔力)试验报告

3)钢筋连接试验报告

4）砂浆配合比申请单、通知单

5）土钉注浆浆体强度试验报告

6）砌筑砂浆试块强度统计、评定记录

7）喷射混凝土配合比申请单、通知单

8）喷射混凝土强度试验报告

9）喷射混凝土试块强度统计、评定记录

（6）施工质量验收记录

1）土钉墙检验批质量验收记录

2）土钉墙支护分项工程质量验收记录表

4.6 地下连续墙

4.6.1 地下连续墙工程资料列表

(1)施工区域的地质勘察资料,基坑范围内地下管线、构筑物及邻近建筑物的资料

(2)施工技术资料

1)工程技术文件报审表

2)防水工程施工方案

3)地下连续墙工程技术交底记录

4)图纸会审、设计变更、工程洽商记录

(3)施工物资资料

1)工程物资进场报验表

2)材料、构配件进场检验记录

3)钢筋、水泥、砂、石等质量证明文件及复试报告

4)预拌混凝土出厂合格证

5)预拌混凝土运输单

(4)施工记录

1)隐蔽工程验收记录

2)钢筋笼制作预检记录

3)地下连续墙成槽施工记录

4)地下连续墙护壁泥浆质量检查记录

5)混凝土浇灌申请书

6)混凝土开盘鉴定

7)混凝土原材料称量记录

8)地下连续墙混凝土浇筑记录

(5)施工试验记录及检测报告

1)钢筋连接试验报告

2)混凝土配合比申请单、通知单

3)混凝土配合比申请单、通知单

4)混凝土试块强度统计、评定记录

5)混凝土抗渗试验报告

(6)施工质量验收记录

1)地下连续墙支护检验批质量验收记录表

2)地下连续墙分项工程质量验收记录表

4.6.2 地下连续墙工程资料填写范例

隐蔽工程检查记录		编　号	×××
工程名称		××工程	
隐检项目	基坑支护工程(地下连续墙)	隐检日期	2015 年×月×日
隐检部位	基坑支护墙　①～⑤/④～⑥　轴　−20.5m 标高		

隐检依据:施工图图号<u>结施 2,施工方案　　　　　　</u>,设计变更/洽商(编号<u>　　　/　　</u>)及有关国家现行标准等。
　主要材料名称及规格/型号:　<u>钢筋 HRB335 Φ22、Φ16、HPB 235 Φ6.5</u>　。

隐检内容:
1. 基坑支护的成槽宽度、深度、垂直度均符合设计要求。
2. 钢筋笼制作:钢筋长 11000mm,主筋 10 Φ22,加力筋Φ16@1500mm、Φ6.5@200mm。
3. 钢筋接头位置及接头处预留搭接长度均符合设计要求。
4. 钢筋笼两侧设定位垫块,定位垫块采用 10mm 厚钢板制成"八"字形与主筋焊接,竖向间距 5m。
5. 钢筋笼内部竖向钢筋与横向钢筋交点采用点焊。
6. 清槽:用成槽机清除槽底淤积沙泥,沉渣厚度小于 100mm,泥浆中含砂率小于 2%,其他指标正常。

申报人:×××

检查意见:
　经检查,成槽宽度、深度、垂直度、钢筋笼规格、位置、槽底清理、沉渣厚度均符合设计要求和《建筑地基基础工程施工质量验收规范》(GB 50202−2002)。

检查结论:　☑同意隐蔽　　□不同意,修改后进行复查

复查结论:

		复查人:		复查日期:	
签字栏	建设(监理)单位	施工单位	××建设工程有限公司		
		专业技术负责人	专业质检员		专业工长
	×××	×××	×××		×××

本表由施工单位填写,建设单位、施工单位、城建档案馆各保存一份。

地下连续墙成槽施工记录

施工单位:＿＿＿＿＿＿＿＿＿＿＿＿　　　　挖土设备:＿＿＿＿＿＿＿＿＿＿＿＿

工程名称:＿＿＿＿＿＿＿＿＿　　挖槽设计深度:＿＿＿＿＿＿　　挖槽设计宽度:＿＿＿＿＿＿

日期	班次	单元槽段编号	单元槽段深度		本班挖槽深度(m)	本班挖土数量(m³)	挖槽宽度(m)	槽壁垂直度	槽位偏差情况	地质状况	备注
			本班开始时(m)	本班结束时(m)							

技术负责人:　　　　　　　　　　　工长:　　　　　　　　　　　记录:

一册在手 表格全有 贴近现场 资料无忧

地下连续墙护壁泥浆质量检查记录

施工单位：_____　　泥浆搅拌机类型：_____

工程名称：_____　　膨润土种类和特性：_____

　　　　　　　　　　　　　　　　　　　　泥浆配合比：_____

名　称	每立方米	每　盘
土(kg)		
水(kg)		
化学掺合剂(kg)		
CMC 外加剂		

班次	日　期	泥浆取样位置	泥浆质量指标								备　注
			比重	粘度(Pa·s)	含砂量(％)	胶体率(％)	失水量(ml/30min)	泥皮厚度(mm)	静切力(mg/cm²)	稳定性(g/cm³)	

技术负责人：　　　　　　　　　　工长：　　　　　　　　　　记录：

一册在手　表格全有　贴近现场　资料无忧

地下连续墙混凝土浇筑记录

工程名称：_____ 槽段编号：_____

施工单位：_____ 导管直径：_____

浇筑日期：_____ 实测槽深：_____ 混凝土强度等级：_____

车次	进场时间	浇筑时间	浇完时间	混凝土量（m³）	导管长度（m）	坍落度（mm）	备　注

浇筑过程分析：

技术负责人：　　　　　　　　　工长：　　　　　　　　　记录：

注：另附槽段划分总平面图。

地下连续墙结构防水检验批质量验收记录

01030601___001___

单位（子单位）工程名称	××大厦	分部（子分部）工程名称	地基与基础/基坑支护	分项工程名称	地下连续墙
施工单位	××建筑有限公司	项目负责人	赵斌	检验批容量	60m³
分包单位	/	分包单位项目负责人	/	检验批部位	1～3/A～C 地下连续墙
施工依据	《混凝土结构工程施工规范》GB50666-2011		验收依据	《建筑地基基础工程施工质量验收规范》GB50202-2002	

		验收项目		设计要求及规范规定	最小/实际抽样数量	检查记录	检查结果
主控项目	1	墙体强度		设计要求C30	全/全	检测合格，试验报告编号 ××××	√
	2	垂直度	永久结构	L/300	全/12	共12处，全部检查，合格12处	√
			临时结构	L/150	全/	/	
一般项目	1	导墙尺寸	宽度	W+40mm (W=200mm)	/20	抽查20处，合格20处	100%
			墙面平整度	<5mm	/20	抽查20处，合格20处	100%
			导墙平面位置	±10mm	/20	抽查20处，合格20处	100%
	2	沉渣厚度	永久结构	≤100mm	/20	抽查20处，合格20处	100%
			临时结构	≤200mm	/	/	
	3	槽深		+100mm	/12	抽查12处，合格12处	100%
	4	混凝土坍落度		180～220mm	/10	抽查10处，合格10处	100%
	5	钢筋笼尺寸		见验收表（I）(010405)	/	/	
	6	地下墙表面平整度	永久结构	<100mm	/12	抽查12处，合格12处	100%
			临时结构	<150mm	/	/	
			插入式结构	<20mm	/	/	
	7	永久结构时的预埋件位置	水平向	≤10mm	/	/	
			垂直向	≤20mm	/	/	

施工单位检查结果	符合要求 专业工长：王乐兴 项目专业质量检查员：赵师候取 2014年××月××日
监理单位验收结论	合格 专业监理工程师：刘东 2014年××月××日

一册在手　表格全有　贴近现场　资料无忧

《地下连续墙结构防水检验批质量验收记录》填写说明

1. 填写依据

(1)《地下防水工程质量验收规范》GB 50208—2011。

(2)《建筑工程施工质量验收统一标准》GB 50300—2013。

2. 规范摘要

以下内容摘录自《地下防水工程质量验收规范》GB 50208—2011。

验收要求

参见"防水混凝土检验批质量验收记录"的验收要求的相关内容。

(1)地下连续墙适用于地下工程的主体结构、支护结构以及复合式衬砌的初期支护。

(2)地下连续墙应采用防水混凝土,胶凝材料用量不应小于 $400kg/m^3$,水胶比不得大于 0.55,将落度不得小于 180mm。

(3)地下连续墙施工时,混凝土应按每一个单元槽段留置一组抗压强度试件,每 5 个槽段留置一组抗渗试件。

(4)叠合式侧墙的地下连续墙与内衬结构连接处,应凿毛并清洗干净,必要时应作特殊防水处理。

(5)地下连续墙应根据工程要求和施工条件减少槽段数量;地下连续墙槽段接缝应避开拐角部位。

(6)地下连续墙如有裂缝、孔洞、露筋等缺陷,应采用聚合物水泥砂浆修补;地下连续墙槽段接缝如有渗漏,应采用引排或注浆封堵。

(7)地下连续墙分项工程检验批的抽样检验数量,应按第连续墙 5 个槽段抽查 1 个槽段,且不得少于 3 个槽段。

(8)防水混凝土的原材料、配合比以及坍落度必须符合设计要求。

检验方法:检查产品合格证、产品性能检测报告、计量措施和材料进场检验报告。

(9)防水混凝土的抗压强度和抗渗性能必须符合设计要求。

检验方法:检查混凝土抗压强度、抗渗性能检验报告。

(10)地下连续墙的渗漏水量必须符合设计要求。

检验方法:观察检查和检查渗漏水检测记录。

4.7　水泥土重力式挡墙

4.7.1　水泥土重力式挡墙工程资料列表

(1)勘察、设计文件

1)施工区域的地质勘察资料

2)工程附近管线、建(构)筑物、设施障碍资料

(2)施工管理资料

见证记录

(3)施工技术资料

1)工程技术文件报审表

2)水泥土重力式挡墙支护工程施工组织设计或施工方案

3)水泥土重力式挡墙支护工程技术交底记录

4)图纸会审、设计变更、工程洽商记录

(4)施工物资资料

1)工程物资进场报验表

2)材料、构配件进场检验记录

3)水泥、砂、外加剂等质量证明文件及复试报告

(5)施工记录

1)隐蔽工程验收记录

2)基坑支护变形监测记录

3)水泥土重力式挡墙施工记录

(6)施工试验记录及检测报告

1)成桩工艺试验记录

2)桩体强度及完整性检验报告

(7)施工质量验收记录

1)水泥土重力式挡墙工程检验批质量验收记录表

2)水泥土重力式挡墙分项工程质量验收记录表

一册在手　表格全有　贴近现场　资料无忧

4.8 内支撑

4.8.1 内支撑工程资料列表

(1)勘察设计文件

1)施工区域的岩土工程勘察报告

2)内支撑工程的设计文件

3)施工区域内地下管线、设施、障碍资料

4)相邻建筑基础资料

5)施工区域的测量资料

(2)施工技术资料

1)工程技术文件报审表

2)经审批后的支护结构施工方案

3)有资质单位出具的监测方案

4)内支撑工程技术交底记录

(3)施工物资资料

1)工程物资进场报验表

2)材料、构配件进场检验记录

3)内支撑系统质量证明文件

(4)施工记录

1)隐蔽工程验收记录

2)基坑支护变形监测记录

3)内支撑工程施工记录

(5)施工试验记录及检测报告

内支撑工程的施工试验记录

(6)施工质量验收记录

1)钢或混凝土支撑系统检验批质量验收记录

2)内支撑分项工程质量验收记录表

4.9　锚杆

4.9.1　锚杆工程资料列表

（1）勘察设计文件

1）工程周边环境调查及工程地质勘察报告

2）支护施工图纸

（2）施工技术资料

1）工程技术文件报审表

2）锚杆施工方案

3）现场测试监控方案，应急预案

4）锚杆及支护工程技术交底记录

5）设计变更报告

（3）施工物资资料

1）工程物资进场报验表

2）材料、构配件进场检验记录

3）金属材料（锚杆使用的钢筋、钢管、钢绞线、锚具）的出厂合格证、材料性能检验报告和复试报告

4）钢材（喷射混凝土面层内的钢筋网片及连接结构的钢材）出厂合格证或质量证明书和复试报告

5）水泥浆锚固体：水泥、粗骨料、中砂、化学添加剂等出厂合格证和试验报告

6）代用材料试验报告

（4）施工记录

1）隐蔽工程验收记录

2）监控量测的报告与资料（设计要求时）

①实际测点布置图

②测量原始记录表及整理汇总资料，现场监控量测记录表

③位移测量时态曲线图

④量测信息反馈结果记录

3）锚杆（索）孔施工记录

4）锚杆注浆施工记录

5）混凝土浇灌申请书

6）混凝土开盘鉴定

7）混凝土坍落度现场检查记录

8）混凝土施工记录

（5）施工试验记录及检测报告

1）试验记录

2）锚杆锁定力（抗拔力）试验报告

3）钢筋连接试验报告

4)砂浆配合比申请单、通知单

5)锚杆或土钉注浆浆体强度试验报告

6)砌筑砂浆试块强度统计、评定记录

7)喷射混凝土配合比申请单、通知单

8)喷射混凝土强度试验报告

9)喷射混凝土试块强度统计、评定记录

(6)施工质量验收记录

1)锚杆检验批质量验收记录

2)锚杆分项工程质量验收记录表

4.9.2　锚杆工程资料填写范例

隐蔽工程验收记录

工程名称	××图书馆	编　号	×××
隐检项目	锚杆支护　锚杆成孔	隐检日期	2015 年 9 月 10 日
隐检部位	3 层③～④/ⓒ　轴线－6.900m 标高		

隐检依据:施工图号　　基坑支护与降水设计总说明－002、基坑支护与降水设计平面图－003、地质勘察报告（编号××）　,设计变更/工程变更单(编号　　　　　　××　　　　　　　)及有关国家现行标准等。

主要材料名称及规格/型号:　　　　/

隐检内容:

　　1. 单组分聚氨酯防水涂料有出厂合格证、检测报告、使用说明书、进场复试报告,合格。

　　2. 涂膜防水层施工前,基层干燥,含水率小于 9%。

　　3. 涂刷底胶,涂刷量为 $0.3kg/m^2$,涂刷后干燥 3h 以上。

　　4. 细部附加层处理。对管根、阴阳角等细部节点处,做一布二油防水附加层。其宽度和上返高度大于 300mm。

　　5. 涂膜防水层施工分三道涂层铺设,其施工方法、铺设厚度、间隔时间等均符合要求。

检查结论:

　　经检查,符合设计要求和《建筑地面工程施工质量验收规范》(GB 50209－2010)的规定。可进行下道工序施工。

☑同意隐蔽　　　　□不同意隐蔽

签字栏	施工单位	××建设集团有限公司	专业技术负责人	专业质检员
			×××	×××
	监理单位	××工程建设监理有限公司	专业监理工程师	×××

一册在手　表格全有　贴近现场　资料无忧

第 5 章

地下水控制工程资料及范例

地下水控制子分部工程应参考的标准及规范清单(含各分项工程)

《建筑工程施工质量验收统一标准》(GB 50300－2013)

《建筑地基基础工程施工规范》(GB 51004－2015)

《湿陷性黄土地区建筑规范》(GB 50025－2004)

《膨胀土地区建筑技术规范》(GB 50112－2013)

《土工试验方法标准》(GB/T 50123－1999)

《土的工程分类标准》(GB/T 50145－2007)

《湿陷性黄土地区建筑基坑工程安全技术规程》(JGJ 167－2009)

《建筑施工土石方工程安全技术规范》(JGJ 180－2009)

《建筑与市政降水工程技术规范》(JGJ/T 111－98)

5.1　降水与排水

5.1.1　降水与排水工程资料列表

(1)施工技术资料

1)工程技术文件报审表

2)排水及降水方案设计

3)危险性较大分部分项工程施工方案专家论证表

(2)轻型井点降水

1)轻型井点降水技术交底记录

2)工程物资进场报验表

3)材料、构配件进场检验记录

4)滤料试验记录、井点管、过滤器、连接软管、集水总管等产品合格证

5)轻型井点施工记录

6)轻型井点降水系统安装验收记录

7)轻型井点降水记录

8)降水影响范围内建(构)筑物状况监测记录

(3)喷射井点降水

1)喷射井点降水技术交底记录

2)工程物资进场报验表

3)材料、构配件进场检验记录

4)滤料试验记录、井点管、过滤器、连接软管、集水总管等产品合格证

5)喷射井点施工记录

6)喷射井点降水系统安装验收记录

7)喷射井点降水记录

8)降水影响范围内建(构)筑物状况监测记录

(4)基坑(槽)管井降水

1)基坑(槽)管井降水技术交底记录

2)工程物资进场报验表

3)材料、构配件进场检验记录

4)滤料试验记录、井点管、过滤器等产品合格证或质量检查记录

5)管井施工记录

6)管井降水系统安装验收记录

7)管井降水记录

8)降水影响范围内建(构)筑物状况监测记录

(5)大口井降水

1)大口井降水技术交底记录

2)工程物资进场报验表

3)材料、构配件进场检验记录

4)井身管材的产品合格证,滤料、黏土的试验、检验记录

5)施工测量记录

6)大口井施工记录

7)大口井降水系统安装质量验收记录

8)降水影响范围内建(构)筑物状况监测记录

(6)建筑基坑(槽)降水工程排水系统

1)建筑基坑(槽)降水工程排水系统技术交底记录

2)工程物资进场报验表

3)材料、构配件进场检验记录

4)管材、接头及支架等材料质量证明文件

5)排水系统施工记录

6)排水系统试验收记录

7)排水系统运行记录

(7)基坑(槽)内明排水

1)基坑(槽)内明排水技术交底记录

2)工程物资进场报验表

3)材料、构配件进场检验记录

4)滤管、集水井管的出厂合格证,滤料试验记录

5)排水沟和集水井施工记录

6)排水记录

(8)水位观测井

1)水位观测井技术交底记录

2)工程物资进场报验表

3)材料、构配件进场检验记录

4)管材、滤料等材料的产品合格证和检验试验记录

5)成井施工记录

6)止水效果检查记录

7)洗井效果检查记录

8)地下水位观测记录

9)地下水观测井竣工验收记录

(9)施工质量验收记录

1)降水与排水检验批质量验收记录表

2)降水与排水分项工程质量验收记录表

5.1.2 降水与排水工程资料填写范例

轻型井点施工记录

工程名称：_____ 　　施工单位：_____ 　　施工班组：_____

钻机型号：_____ 　　设计孔径：_____mm 　　设计孔深：_____m

洗井设备：_____ 　　天　气：_____ 　　滤料规格：_____mm

过滤器：长度_____m 　　类型：包网_____目 　　缠丝_____号

间　隙：_____mm 　　包棕皮：_____层

孔号	日期 (月/日)	时间(h:min)		实际 孔径 (mm)	实际 孔深 (m)	井点管 长度 (m)	滤料 用量 (m³)	累计洗 井时间 (h min)	黏土 用量 (m³)	备注
		开孔	竣工							

现场负责人：　　　机(班)长：　　　记录员：　　　日期：　　　年 月 日

一册在手 表格全有 贴近现场 资料无忧

轻型井点降水系统安装验收记录

工程名称：_____　　　　场地位置：_____

施工单位：_____　　　　验收日期：_____

序号	验收项目	标准或设计要求	检查情况	结论	
				合格	不合格
1	井点位移	≤150mm			
2	井点管垂直度	≤1％			
3	井点管露头长度误差	≤200mm			
4	过滤器骨架管孔隙率	≥15％			
5	缠丝间隙	mm			
6	网眼尺寸或网号				
7	滤料平均粒径	mm			
8	滤料不均匀系数	≤2			
9	滤料用量超过计算值	≥5％			
10	真空度	≥60kPa			
11	抽水体积含砂量	≤1/10000			
不合格项返工复验情况					

说明:含砂量为体积比。　　　　　　　　　　　　　　　　　　工程负责人：

轻型井点降水记录

工程名称：_____ 　　场地位置：_____

降水泵房编号：_____ 　　机组类型及编号：_____

正式运转机组数：_____ 　　井点数量：开_____根，停_____根

观测时间			降水机组		抽水量 (m³/h)	观测孔水位深度(m)				观测记录员
年月日	时	分	真空度 (kPa)	压力 (kPa)		1#	2#	3#	4#	

施工单位：　　　　　　　　　　　　　　　　　　工程负责人：

喷射井点施工记录

工程名称:_____　　　施工单位:_____　　　施工班组:_____

钻机型号:_____　　　设计孔径:_____mm　　　设计孔深:_____m

洗井设备:_____　　　天　气:_____　　　滤料规格:_____mm

过滤器:长度_____m　　　类型:包网_____目　　　缠丝_____号

间　隙:_____mm　　　包棕皮:_____层

孔号	日期 (月/日)	时间(h:min)		实际 孔径 (mm)	实际 孔深 (m)	井点管 长度 (m)	滤料 用量 (m³)	累计洗 井时间 (h min)	黏土 用量 (m³)	备注
		开孔	竣工							

现场负责人:　　　　机(班)长:　　　　记录员:　　　　日期:　　　年　月　日

一册在手　表格全有　贴近现场　资料无忧

喷射井点降水系统安装验收记录

工程名称：_____　　　　场地位置：_____

施工单位：_____　　　　验收日期：_____

序号	验收项目	标准或设计要求	检查情况	结论 合格	结论 不合格
1	喷射器真空度	≥93mPa			
2	过滤器骨架管孔隙率	≥15％			
3	缠丝间隙	mm			
4	网眼尺寸或网号				
5	滤料平均粒径	mm			
6	滤料不均匀系数	≤2			
7	滤料用量超过计算值	≥5％			
8	井点位移	≤150mm			
9	井点管垂直度	≤1％			
10	井点管露头长度误差	≤200mm			
11	抽水体积含砂量	≤1/10000			
不合格项返工复验情况					

说明：含砂量为体积比。　　　　　　　　　　　　　　工程负责人：

喷射井点降水记录

工程名称：_____ 场地位置：_____

降水泵房编号：_____ 机组类型及编号：_____

正式运转机组数：_____ 井点数量：开_____根,停_____根

观测时间			降水机组	抽水量 （m³/h）	观测孔水位深度(m)				观测 记录员
年月日	时	分	工作水压力(kPa)		1#	2#	3#	4#	

施工单位：   工程负责人：

管井施工记录

工程名称：　　　　工程地点：　　　　施工单位：　　　　钻机型号：

井　号						
孔口标高(m)						
孔口坐标						
开孔时间(h:min)						
终孔时间(h:min)						
井　径(m)						
井　深(m)						
钻孔垂直度						
下管长度(m)						
填滤料数量(m³)						
洗井起止时间						
水泵下入深度(m)						
水位标高(m)						
井口标高(m)						
备　注						

工程负责人：　　　　　　　　　　　　　　　　　记录：

大口井施工记录

工程名称： 工程地点： 施工单位：

井号		孔口标高		井径		井深	
开工时间		完工时间		施工方法		地下水位	
地层名称	变层深度	土质描述	第 n 节井管	起止时间	管底高程	垂直度	备注
			辐射管号	辐射管层位	起止时间	辐射管长度	备注
反滤层铺设及封底情况							

工程负责人： 记录：

注:附大口井的结构图与平面布置图(略)。

第 6 章

土方工程资料及范例

土方子分部工程应参考的标准及规范清单(含各分项工程)

《建筑工程施工质量验收统一标准》(GB 50300—2013)

《建筑地基基础工程施工规范》(GB 51004—2015)

《冻土地区建筑地基基础设计规范》(JGJ 118—2011)

《湿陷性黄土地区建筑规范》(GB 50025—2004)

《膨胀土地区建筑技术规范》(GB 50112—2013)

《土工试验方法标准》(GB/T 50123—1999)

《土的工程分类标准》(GB/T 50145—2007)

《湿陷性黄土地区建筑基坑工程安全技术规程》(JGJ 167—2009)

《土方与爆破工程施工及验收规范》(GB 50201—2012)

《建筑施工土石方工程安全技术规范》(JGJ 180—2009)

一册在手 表格全有 贴近现场 资料无忧

6.1　土方开挖

6.1.1　土方开挖工程资料列表

（1）勘察报告及设计文件

1）施工区域的岩土工程勘察报告（包括施工前补充的地质详勘报告）

2）相关的工程设计文件

3）施工区域内地下管线、设施、障碍资料

4）相邻建（构）筑基础资料

（2）工程地点土壤氡浓度检验报告

（3）施工技术资料

1）工程技术文件报审表

2）土方工程施工方案（包括排水措施、周围环境监测记录等），地基处理方案

3）危险性较大分部分项工程施工方案专家论证表

4）土方开挖工程技术交底记录

5）地基处理设计变更单或洽商记录

（4）施工记录

1）隐蔽工程验收记录

2）工程定位测量记录

3）地基验槽检查记录

4）地基处理记录

5）地基钎探记录（附钎探点平面布置图）

6）施工过程排水监测记录

（5）施工质量验收记录

1）土方开挖检验批质量验收记录表

2）土方开挖分项工程质量验收记录表

6.1.2 土方开挖工程资料填写范例

<table>
<tr>
<td colspan="2" style="text-align:center">隐蔽工程验收记录</td>
<td style="text-align:center">资料编号</td>
<td style="text-align:center">×××</td>
</tr>
<tr>
<td style="text-align:center">工程名称</td>
<td colspan="3" style="text-align:center">××办公楼工程</td>
</tr>
<tr>
<td style="text-align:center">隐检项目</td>
<td style="text-align:center">土方开挖</td>
<td style="text-align:center">隐检日期</td>
<td style="text-align:center">2015 年 11 月 15 日</td>
</tr>
<tr>
<td style="text-align:center">隐检部位</td>
<td colspan="3">基础 层 ⑪～⑬/Ⓐ～Ⓗ 轴线 —6.310/—7.810m 标高</td>
</tr>
</table>

隐检依据:施工图图号___结施—1、结施—4、工程地质勘察报告(编号××)___,设计变更/洽商(编号___/___)及有关国家现行标准等。

主要材料名称及规格/型号:___/___

隐检内容:

1. 基础基底标高低跨为—7.810m(高程 41.890m)、高跨为—6.310m(高程 43.390m),槽底土质为××,水位与工程地质勘察报告相符。

2. 基槽土层已挖至—7.810m、—6.310m,基底清理到位,浮土、松土清除到持力层,无砖块、石头等杂物。

3. 基底轮廓尺寸。

影像资料的部位、数量:基础⑪～②/Ⓐ～Ⓑ轴,××

隐检内容已做完,请予以检查。

申报人:×××

检查意见:

经检查:基底标高、基底轮廓尺寸符合设计要求;槽底土质与工程地质勘察报告相符,清槽工作到位,未出现地下水,同意进行下道工序。

检查结论: ☑同意隐蔽 □不同意,修改后进行复查

复查结论:

复查人: 复查日期:

<table>
<tr>
<td rowspan="4" style="text-align:center">签字栏</td>
<td rowspan="2" style="text-align:center">施工单位</td>
<td rowspan="2" style="text-align:center">××建设集团
有限公司</td>
<td style="text-align:center">专业技术负责人</td>
<td style="text-align:center">专业质检员</td>
<td style="text-align:center">专业工长</td>
</tr>
<tr>
<td style="text-align:center">×××</td>
<td style="text-align:center">×××</td>
<td style="text-align:center">×××</td>
</tr>
<tr>
<td rowspan="2" style="text-align:center">监理(建设)
单位</td>
<td rowspan="2" style="text-align:center">××工程建设监理有限公司</td>
<td rowspan="2" colspan="2" style="text-align:center">专业工程师</td>
<td rowspan="2" style="text-align:center">×××</td>
</tr>
<tr></tr>
</table>

本表由施工单位填写,并附影像资料。

地基验槽记录

工程名称	××综合楼工程	编　号	×××
验槽部位	⑧～⑬/Ⓐ～Ⓗ轴内基槽	验槽日期	2015 年 2 月 3 日

依据:施工图号＿＿＿＿＿结施－1、结施－4、＿＿＿＿＿＿;
设计变更/洽商/技术核定编号＿＿＿＿＿＿＿/＿＿＿＿＿及有关规范、规程。

验槽内容:

1.基槽开挖至勘探报告第＿＿＿③、④＿＿＿层,持力层为＿＿＿③、④＿＿＿层。

2.土质情况＿＿第③层黏质粉土、砂质粉土;第③₁层重粉质黏土、粉质黏土;第④层细砂、粉砂＿＿。

3.基坑位置、平面尺寸＿＿＿基坑位置准确,与设计图纸相符;平面尺寸符合设计要求＿＿＿。

4.基底绝对高程和相对标高＿43.400/－6.300、40.850/－8.850、42.300/－7.400、44.350/－5.350＿。

检查结论:

　　经检查,槽底土质为黏质粉土、砂质粉土,局部粉砂、粉质黏土。Ⓑ～Ⓒ/⑨～⑫轴为原建筑的肥槽,下挖1.5m 后(见硬土层),采用级配砂石或 3∶7 灰土分层回填夯实。设计需加强基础及结构刚度,坡道部分的人工堆积层至少下挖 1.0m,用 3∶7 灰土分层回填夯实

　　　　　　□无异常,可进行下道工序　　　☑需要地基处理

签字公章栏	施工单位(公章)	勘察单位(公章)	设计单位(公章)	监理单位(公章)	建设单位(公章)
	王××	齐××	蒋××	张××	刘××
	2015 年 7 月 3 日	2015 年 7 月 3 日	2015 年 7 月 3 日	2015 年 7 月 3 日	2015 年 7 月 3 日

一册在手　表格全有　贴近现场　资料无忧

《地基验槽记录》填写说明

依据设计文件,基槽挖到设计深度后,施工单位应按要求填写。建设、监理、勘察、设计、施工等单位共同对持力层土质和基底高程是否满足设计要求进行验收,依据地质勘察报告记录持力层的土质层数、土质状况和基底实际标高,并做出检查结论,参加验收的各单位必须签字、加盖公章。

一、填写依据

1. 规范名称

(1)《建筑地基基础工程施工质量验收规范》GB 50202;

(2)《建筑地基处理技术规范》JGJ 79—2012。

2. 填写要点

(1)验槽部位:

抄测的层数及抄测的施工段的轴线范围。

(2)验槽日期:

与验槽当天的日期一致。

(3)依据:

抄测依据的图纸图号。

(4)验槽内容:

建筑物应进行施工验槽,检查内容包括基坑位置、平面尺寸、持力层核查、基底绝对高程和相对标高、基坑土质及地下水位等,有桩支护或桩基的工程还应进行桩的检查。地基验槽检查记录应由建设、勘察、设计、监理、施工单位共同验收签认。如地基验槽未通过,需要进行地基处理,应由勘察、设计单位提出处理意见并填写"地基处理记录"。

(5)检查结论:

写槽底土质,下挖深度,以及回填夯实配合比。

(6)签字公章栏:

各单位项目负责人签字、盖单位公章。

二、表格解析

1. 责任部门

施工单位、勘察单位、设计单位、监理单位、建设单位等。

2. 提交时限

地基验槽通过当日完成。

3. 相关要求

(1)验槽时必须具备的资料和条件:

1)勘察、设计、建设(或监理)、施工等单位有关负责及技术人员到场;

2)基础施工图和结构总说明;

3)详勘阶段的岩土工程勘察报告;

4)开挖完毕、槽底无浮土、松土(若分段开挖,则每段条件相同),条件良好的基槽。

(2)验槽前的准备工作

1)察看结构说明和地质勘察报告,对比结构设计所用的地基承载力、持力层与报告所提供的是否相同;

2)询问、察看建筑位置是否与勘察范围相符;

3)察看场地内是否有软弱下卧层;

4)场地是否为特别的不均匀场地、是否存在勘察方要求进行特别处理的情况,而设计方没有进行处理;

5)要求建设方提供场地内是否有地下管线和相应的地下设施。

(3)验槽的主要内容

不同建筑物对地基的要求不同,基础形式不同,验槽的内容也不同,主要有以下几点:

1)根据设计图纸检查基槽的开挖平面位置、尺寸、槽底深度;检查是否与设计图纸相符,开挖深度是否符合设计要求;

2)仔细观察槽壁、槽底土质类型、均匀程度和有关异常土质是否存在,核对基坑土质及地下水情况是否与勘察报告相符;

3)检查基槽之中是否有旧建筑物基础、古井、古墓、洞穴、地下掩埋物及地下人防工程等;

4)检查基槽边坡外缘与附近建筑物的距离,基坑开挖对建筑物稳定是否有影响;

5)检查核实分析钎探资料,对存在的异常点位进行复核检查。

(4)验槽方法及注意事项

1)验槽方法,通常主要采用观察法为主,而对于基底以下的土层不可见部位,要先辅以钎探法配合共同完成。

2)验槽注意事项

①验槽时应重点观察柱基、墙角、承重墙下或其他受力较大部位;如有异常部位,要会同勘察、设计等有关单位进行处理。

②无法验槽的情况

a.基槽底面与设计标高相差太大;

b.基槽底面坡度较大,高差悬殊;

c.槽底有明显的机械车辙痕迹,槽底土扰动明显;

d.槽底有明显的机械开挖、未加人工清除的沟槽、铲齿痕迹;

e.现场没有详勘阶段的岩土工程勘察报告或基础施工图和结构总说明。

地基处理记录

工程名称	××办公楼工程	编 号	×××
部位	⑧~⑬/Ⓐ~Ⓗ轴内基槽	验槽日期	2015 年 7 月 3 日

处理依据及方式：

　　处理依据：1.《建筑地基基础工程施工质量验收规范》(GB 50202)。2.《建筑地基处理技术规范》(JGJ 79)。3. 本工程《地基基础施工方案》。4. 勘察单位地基验槽时提出的处理意见。

　　方式：⑧~Ⓒ/⑨~⑫轴原建筑的肥槽已下挖 1.5m 仍未见老土，采用 3：7 灰土分层回填夯实，坡道部分的人工堆积层下挖 1.0m，采用灰土分层回填夯实。

处理部位及深度(或用简图表示)

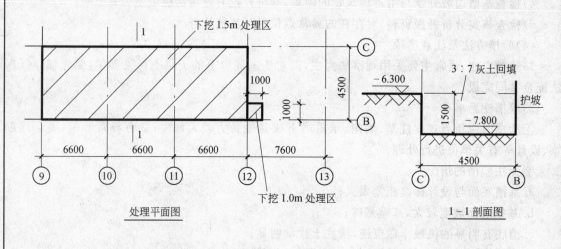

处理平面图　　　　　　　　　　　　　　1—1 剖面图

□有 / ☑无　附页(图)

处理结果：

　　地基处理满足设计图纸及《建筑地基基础工程施工质量验收规范》(GB 50202)的规定。

检查意见：

　　经检查，地基处理结果符合勘察和设计单位要求，同意验槽。

检查日期：　2015 年 11 月 10 日

签字公章栏	施工单位(公章)	勘察单位(公章)	设计单位(公章)	监理单位(公章)	建设单位(公章)

地基钎探记录

工程名称	××办公楼工程		编　号	×××
			钎探日期	2015 年××月××日至 2015 年××月××日
套锤重	10kg	自由落距	500mm	钎径	25mm
检验部位	基槽①～⑬/Ⓐ～Ⓗ轴		地基高程	40.850m

钎探技术要求：

探点间距 1.5m,梅花形布置,钎探分 5 步,每步 30cm

桩号或井号	锤击数					应检点	实检点
	0～30 (cm)	30～60 (cm)	60～90 (cm)	90～120 (cm)	120～150 (cm)		
27	29	51	72	126	176		
28	31	48	65	138	188		
29	26	49	37	68	96		
30	30	57	85	137	218		
31	23	31	65	168			
32	26	56	89	236			
33	22	49	92	168			
34	9	23	42	68	174		
35	25	31	33	150			
36	18	43	51	135	178		
37	20	36	35	118	191		
38	27	42	58	121	172		
39	28	45	71	175	198		
40	21	38	66	116	168		
41	30	72	128	176			
42	31	58	63	108	162		
43	34	61	66	112	178		
44	36	56	67	85	91		
45	29	110	165	172	176		
46	29	48	61	86	160		
47	32	55	65	120	155		
48	29	36	63	110	150		
49	28	37	67	108	172		
50	32	40	72	123	194		
51	27	50	77	121	186		
52	30	49	83	132	198		

示意图：

见附图

签字栏	施工单位	××建设集团有限公司	专业技术负责人	专业质检员	打钎人	记录人
			刘××	李××	雷××	崔××
	监理单位	××工程建设监理有限公司	专业监理工程师		宋××	

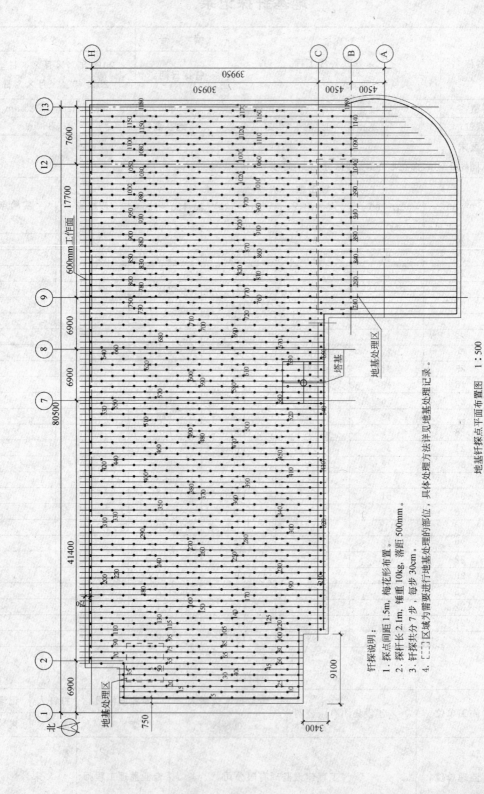

地基轩探点平面布置图 1:500

轩探说明:
1. 探点间距1.5m,梅花形布置。
2. 探杆长2.1m,锤重10kg,落距500mm。
3. 轩探共分7步,每步30cm。
4. "⊏⊐"区域为需要进行地基处理的部位,具体处理方法详见地基处理记录。

《地基钎探记录》填写说明

勘察设计要求对基槽浅层土质的均匀性和承载力进行钎探的,钎探前应绘制钎探点平面布置图,按照钎探图及有关规定进行钎探,并按本表的要求填写。

一、填写依据

1. 规范名称

《建筑地基基础工程施工质量验收规范》GB 50202;

2. 填写要点

(1)套锤重、钎径、自由落距应按设计要求填写。

(2)检验部位:注明实际检验的基槽(坑)轴线范围,应具体明确。

(3)钎探技术要求:钎探的形式(人工或机械钎探)、主要机具的选用、基槽宽度、钎探点的布置(排列方式、检验深度、检验间距)等。

(4)桩号或井号、锤击数、应检点、实检点:依据钎探点平面布置图,结合现场实际钎探情况如实填写;钎杆每打入土层 30cm 时,记录一次锤击数;钎探步数应根据槽宽确定

(5)示意图:本栏应绘制钎探点平面布置图(绘制比例应符合要求);如钎探图较大放不下时,应令绘制补图,附在本表后。

二、表格解析

1. 责任部门

施工单位项目工程部、项目专业技术负责人、土建质检员,项目监理机构专业监理工程师等。

2. 提交时限

地基验槽前 3d 提交。

3. 相关要求

(1)人工(机械)钎探

采用直径 22～25mm 钢筋制作的钢钎,使用人力(机械)让大锤(穿心锤)从规定高度自由下落,撞击钎杆垂直打入土层中,记录其单位进深所需的锤数,为设计承载力、地勘结果、基土土层的均匀度等质量指标提供验收依据。钎探是在基坑底进行轻型动力触探的主要方法。

(2)主要机具

钎杆:用直径为 22～25mm 的钢筋制成,钎头呈 60°尖锥形状,钎长 2.1～2.6m;

大锤:普通锤子,重量 8～10kg;

穿心锤:钢质圆柱形锤体,在圆柱中心开孔 28～30mm,穿于钎杆上部,锤重 10kg;

钎探机械:专用的提升穿心锤的机械,与钎杆、穿心锤配套使用。

(3)作业条件

人工挖土或机械挖土后由人工清底到基础垫层下表面设计标高,表面人工铲平整,基坑(槽)宽、长均符合设计图纸要求;钎杆上预先用钢锯锯出以 300mm 为单位的横线,0 刻度从钎头开始。

(4)钎探前应依据基础平面图绘制钎探点平面布置图(应与实际基槽(坑)一致)。钎探点平面布置图绘制要有建筑物外边线、主要轴线及各线尺寸关系,外圈钎点要超出垫层边线 200～500mm。按照钎探图及有关规定进行钎探并记录。钎探中如发现异常情况,应在地基钎探记录表的备注栏注明。需地基处理时,应将处理范围(平面、竖向)标注在钎探点平面布置图上,并注明处理依据。形式、方法(或方案)以"洽商"记录下来,处理过程及取样报告等一同汇总进入工程

档案。

(5)钎探点的布置依据设计要求,当设计无要求时,应按规范规定执行,参见表 6-1。

表 6-1　　　　　　　　　　　　　轻型动力触探检验深度及间距表　　　　　　　　　　　(单位:m)

排 列 方 式	基 槽 宽 度	检 验 深 度	检 验 间 距
中心一排	<0.8	1.2	
两排错开	0.8～2.0	1.5	1.0m～1.5m 视地基复杂情况定
梅花形	>2.0	2.1	

(6)就位打钎

钢钎的打入分人工和机械两种。

(7)记录锤击数

钎杆每打入土层 30cm 时,记录一次锤击数。钎探深度以设计为依据;如设计无规定时,参见表 6-1。

(8)其他要求

1)同一工程中,钎探时应严格控制穿心锤的落距,不得忽高忽低,以免造成钎探不准,使用钎杆的直径必须统一。

2)钎探前,必须将钎探点平面布置图上的钎孔位置与记录表上的钎孔号先行对照,无误后方可开始打钎;如发现错误,应及时修改或补打。

3)在记录表上用有色铅笔或符号将不同的钎孔(锤击数的大小)分开。

4)在钎探点平面布置图上,注明过硬或过软的孔号的位置,把枯井或坟墓等尺寸画上,以便设计勘察人员或有关部门验槽时分析处理。

5)以下情况可停止钎探:

①若 N 10(贯入 30cm 的锤击数)超过 100 或贯入 10cm 锤击数超过 50,可停止贯入。

②如基坑不深处有承压水层(钎探可造成冒水涌砂),或持力层为砾石层或卵石层,且厚度符合设计要求时,可不进行钎探。如需对下卧层继续试验,可用钻具钻穿坚实土层后再做试验(根据《建筑地基基础工程施工质量验收规范》GB 50202 中附录 A 的规定)。

③专业工长负责钎探的实施,并做好原始记录。钎探日期要根据现场情况填写。

报告编号:002-2015-D023

(2005) 量认 (京) 字 (U0269) 号

京市质监认字061号

检　验　报　告

检验项目:　　　工程地点土壤氡浓度

委托单位:　　　××集团开发有限公司

检验类别:　　　　委托检验

北京市建设机械与材料质量监督检验站

报告编号:002-2015-D023

检 验 报 告

工程名称	××工程		
检验类别	委托检验	委托编号	201503-D-01
建设单位名称	北京××集团开发有限公司		
委托单位名称	北京××集团开发有限公司		
工程地点	北京市海淀区××路		
检验依据	委托单; 《民用建筑工程室内环境污染控制规范》(GB 50325－2001); 该工程地质勘察报告、基础平面图		
检验项目	工程地点土壤氡浓度		
检验日期	2015 年 3 月 16 日	完成日期	2015 年 3 月 17 日
检验结论	该工程地点土壤平均氡浓度为 $3070Bq/m^3$,为本地区参考带土壤氡浓度平均值的 1.6 倍,根据《民用建筑工程室内环境污染控制规范》(GB 50325－2001)规定,本工程设计中可不采取防氡工程措施。		
检验条件	检测前 24h 以内天气状况:晴 检测当时气象条件: 晴;空气温度 10.4℃,相对湿度 15.6%;大气压 101.5kPa。		

批准:×××   审核:×××   编制:×××

报告编号：002-2015-D023

一、检验过程

本次检验范围涵盖该项目地质勘察范围，总占地面积 1700m²。

在工程地质勘测范围内以间距 10m 做网格布点，各网格点即为测试点；当遇较大石块或其他障碍时偏离 ±2m。布点位置覆盖基础工程范围。

在每个测试点采用专用钢钎打孔，孔径 20mm，打孔深度为 600mm～800mm。成孔后，使用头部有气孔的特制取样器插入打好的孔中，取样器在靠近地表处踩实密闭，避免大气渗入孔中。

二、检验方法

将 RAD 7 连续测氡仪吸气管经过隔离瓶和干燥管与取样器吸气管连接，直接抽气并测定氡气浓度。

设定 RAD 7 连续测氡仪的测量周期为 5min，每个测点连续测量 3 次，取第 3 次数据为该点氡浓度。

该工程各地块地表土壤氡浓度取各测点检测结果的算术平均值。

三、检验结果

1. 布点示意图

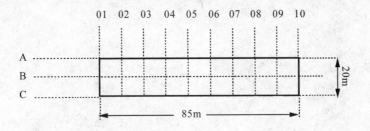

2. 计算表（Bq/m³）

	测点值	测点值	测点值	测点值	测点值	测点值	测点值	测点值	测点值	测点值
	1	2	3	4	5	6	7	8	9	10
A	2360	2620	3530	4820	5670	5250	4910	4060	3990	3870
B	3530	3430	1850	1570	1890	1670	2650	2810	3060	3780
C	2470	3660	1750	2560	2230	3620	1990	2060	2080	2370
平均值	3070									

报告编号:002-2015-D023

参考带

	测点值	测点值	测点值	测点值	测点值	测点值	测点值	测点值	测点值	测点值
	1	2	3	4	5	6	7	8	9	10
A	1660	1790	2180	1690	1720	2030	2110	1690	1870	1890
平均值	1863									

3.检测结果表

面积(m²)	测点数(个)	平均氡浓度(Bq/m³)
1700	30	3070

四、检验设备

RAD 7 连续测氡仪(编号:HJ－HQ 07)及配套土壤检测探头;

AZ 8701 数字温湿度计(编号:HJ－LJ 36);

DYM 3 空盒气压计(编号:HJ－HQ 06)

(本页以下空白)

一册在手 表格全有 贴近现场 资料无忧

《工程地点土壤氡浓度检验报告》填写说明

1. 新建、扩建的民用建筑工程设计前,必须进行建筑场地土壤中氡浓度的测定,并提供相应的检测报告。

2. 新建、扩建的民用建筑工程的工程地质勘察报告,应包括工程地点的地质构造、断裂及区域放射性背景资料。

3. 当民用建筑工程处于地质构造断裂带时,应根据土壤中氡浓度的测定结果,确定防氡工程措施;当民用建筑工程处于非地质构造断裂带时,可不采取防氡工程措施。

4. 土壤中氡浓度的测定方法,应符合下列规定:

(1) 一般原则:土壤中氡浓度测量的关键是如何采集土壤中的空气。土壤中氡气的浓度一般大于数百 Bq/m^3,这样高的氡浓度的测量可以采用电离室法、静电扩散法、闪烁瓶法等方法进行测量。

(2) 测试仪器性能指标要求:

工作条件:温度$-10℃\sim40℃$;

相对湿度$\leqslant90\%$;

不确定度$\leqslant20\%$;

探测下限$\leqslant400Bq/m^3$。

(3) 测量区域范围应与工程地质勘察范围相同。

(4) 在工程地质勘察范围内布点时,应以间距 10m 做网格,各网格点即为测试点(当遇较大石块时,可偏离$\pm2m$),但布点数不应少于 16 个。布点位置应覆盖基础工程范围。

(5) 在每个测试点,应采用专用钢钎打孔。孔的直径宜为 20mm$\sim$40mm,孔的深度宜为 600mm$\sim$800mm。

(6) 成孔后,应使用头部有气孔的特制的取样器,插入打好的孔中,取样器在靠近地表处应进行密闭,避免大气渗入孔中,然后进行抽气。正式现场取样测试前,应通过一系列不同抽气次数的实验,确定最佳抽气次数。

(7) 所采集土壤间隙中的空气样品,宜采用静电扩散法、电离室法或闪烁瓶法等测定现场土壤氡浓度。

(8) 取样测试时间宜在 8:00$\sim$18:00 之间,现场取样测试工作不应在雨天进行,如遇雨天,应在雨后 24h 后进行。

(9) 现场测试应有记录,记录内容包括:测试点布设图,成孔点土壤类别,现场地表状况描述,测试前 24h 以内工程地点的气象状况等。

(10) 地表土壤氡浓度测试报告的内容应包括:取样测试过程描述、测试方法、土壤氡浓度测试结果等。

5. 民用建筑工程地点土壤中氡浓度,高于周围非地质构造断裂区域 3 倍及以上、5 倍以下时,工程设计中除采取建筑物内地面抗开裂措施外,还必须按国家现行标准《地下工程防水技术规范》中的一级防水要求,对基础进行处理。

6. 民用建筑工程地点土壤中氡浓度高于周围非地质构造断裂区域 5 倍及以上时,工程设计中除按第 5 条规定进行防氡处理外,还应按国家标准《新建低层住宅建筑设计与施工中氡控制导则》(GB/T 17785—1999)的有关规定,采取综合建筑构造措施。

7. Ⅰ类民用建筑工程地点土壤中氡浓度,高于周围非地质构造断裂区域 5 倍及以上时,应进行工程地点土壤中的镭—226、钍—232、钾—40 的比活度测定。当内照射指数(I_{Ra})大于 1.0 或外照射指数(I_γ)大于 1.3 时,工程地点土壤不得作为工程回填土使用。

8. 民用建筑工程地点地质构造断裂区域以外的土壤氡浓度检测点,应根据工程地点的地质构造分布图,以地质构造断裂带的走向为轴线,在其两侧非地质构造断裂区域随机布点,其布点数量每侧不得少于 5 个。

9. 民用建筑工程地点地质构造断裂区域以外的土壤氡浓度,应取各检测点检测结果的算术平均值。

土方开挖工程质量验收记录表

01050101___001___

单位（子单位）工程名称	××大厦		分部（子分部）工程名称		地基与基础/土方	分项工程名称		土方开挖
施工单位	××建筑有限公司		项目负责人		赵斌	检验批容量		1600m²
分包单位	/		分包单位项目负责人		/	检验批部位		1～7/A～C轴土方
施工依据	土方开挖施工方案			验收依据		《建筑地基基础工程施工质量验收规范》GB50202-2002		

		验收项目		设计要求及规范规定		最小/实际抽样数量	检查记录	检查结果
主控项目	1	标高	桩基基坑基槽		-50	10/10	抽查10处，合格10处	√
			场地平整	人工	±30	/	/	
				机械	±50	/	/	
			管沟		-50			
			地(路)面基础层		-50			
	2	长度、宽度(由设计中心线向两边量)	桩基基坑基槽		+200 -50	15/15	抽查15处，合格15处	√
			场地平整	人工	+300 -100	/	/	
				机械	+500 -150	/	/	
			管沟		+100			
	3	边坡	设计要求			17/17	抽查17处，合格17处	√
一般项目	1	表面平整度	桩基基坑基槽		20	10/10	抽查10处，合格10处	100%
			场地平整	人工	20	/	/	
				机械	50	/	/	
			管沟		20			
			地(路)面基础层		20			
	2	基底土性	设计要求			/	土性为软粘土，符合设计要求	√

施工单位检查结果	符合要求 专业工长： 项目专业质量检查员：王乐兴 杨保民 2014 年××月××日
监理单位验收结论	合格 专业监理工程师：刘东 2014 年××月××日

《土方开挖工程质量验收记录表》填写说明

1. 填写依据

(1)《建筑地基基础工程施工质量验收规范》GB 50202—2002。

(2)《建筑工程施工质量验收统一标准》GB 50300—2013。

2. 规范摘要

以下内容摘录自《建筑地基基础工程施工质量验收规范》GB 50202—2002。

验收要求

(1)一般规定

1)土方工程施工前应进行挖、填方的平衡计算,综合考虑土方运距最短、运程合理和各个工程项目的合理施工程序等,做好土方平衡调配,减少重复挖运。土方平衡调配应尽可能与城市规划和农田水利相结合将余土一次性运到指定弃土场,做到文明施工。

2)当土方工程挖方较深时,施工单位应采取措施,防止基坑底部土的隆起并避免危害周边环境。

3)在挖方前,应做好地面排水和降低地下水位工作。

4)平整场地的表面坡度应符合设计要求,如设计无要求时,排水沟方向的坡度不应小于2‰。平整后的场地表面应逐点检查。检查点为每 $100\sim400m^2$ 取 1 点,但不应少于 10 点;长度、宽度和边坡均为每 20m 取 1 点,每边不应少于 1 点。

5)土方工程施工,应经常测量和校核其平面位置、水平标高和边坡坡度。平面控制桩和水控制点应采取可靠的保护措施,定期复测和检查。土方不应堆在基坑边缘。

6)对雨季和冬季施工还应遵守国家现行有关标准。

(2)土方开挖

1)土方开挖前应检查定位放线、排水和降低地下水位系统,合理安排土方运输车的行走路线及弃土场。

2)施工过程中应检查平面位置、水平标高、边坡坡度、压实度、排水、降低地下水位系统,并随时观测周围的环境变化。

3)临时性挖方的边坡值应符合表 6-2 的规定。

表 6-2   临时性挖方边坡值

土的类别		边坡值(高:宽)
砂土(不包括细砂、粉砂)		1:1.25~1:1.50
一般性粘土	硬	1:0.75~1:1.00
	硬、塑	1:1.00~1:1.25
	软	1:1.50 或更缓
碎石类土	充填坚硬、硬塑粘性土	1:0.50~1:1.00
	充填砂土	1:1.00~1:1.50

注:1. 设计有要求时,应符合设计标准。

  2. 如采用降水或其他加固措施,可不受本表限制,但应计算复核。

  3. 开挖深度,对软土不应超过 4m,对硬土不应超过 8m。

4)土方开挖工程的质量检验标准应符合表 6-3 的规定。

表 6-3　　　　　　　　　　　土方开挖工程的质量检验标准(mm)

项	序	项目	允许偏差或允许值					检验方法
			柱基基坑基槽	挖方场地平整		管沟	地(路)面基层	
				人工	机械			
主控项目	1	标高	−50	±30	±50	−50	−50	水准仪
	2	长度、宽度(由设计中心线向两边量)	+200 −50	+300 −100	+500 −150	+100	—	经纬仪,用钢尺量
	3	边坡	设计要求					观察或用坡度尺检查
一般项目	1	表面平整度	20	20	50	20	20	用 2m 靠尺和楔形塞尺检查
	2	基底土性	设计要求					观察或土样分析

注:地(路)面基层的偏差只适用于直接在挖、填方上做地(路)面的基层。

一册在手 表格全有 贴近现场 资料无忧

分项/分部工程施工报验表		编　号	×××
工程名称	××工程	日　期	2015年×月×日

现我方已完成　　/　　(层)　　/　　轴(轴线或房间)　　/　　(高程)　　/　　(部位)的　土方开挖　工程,经我方检验符合设计、规范要求,请予以验收。

附件：　名　称　　　页　数　　　编　号

1. □质量控制资料汇总表　　____页　____
2. □隐蔽工程检查记录　　____页　____
3. □预检记录　　____页　____
4. □施工记录　　____页　____
5. □施工试验记录　　____页　____
6. □分部(子分部)工程质量验收记录　　____页　____
7. ☑分项工程质量验收记录　　1　页　×××
8. □________　　____页　____
9. □________　　____页　____
10. □________　　____页　____

质量检查员(签字):×××

施工单位名称:××建设工程有限公司　　技术负责人(签字):×××

审查意见：

1. 所报附件材料真实、齐全、有效。
2. 所报分项工程实体工程质量符合规范和设计要求。

审查结论：　☑合格　　□不合格

监理单位名称:××建设监理有限公司　(总)监理工程师(签字):×××　审查日期:2015年×月×日

本表由施工单位填报,监理单位、施工单位各存一份。分项、分部工程不合格,应填写《不合格项处置记录》,分部工程应由总监理工程师签字。

6.2　土方回填

6.2.1　土方回填工程资料列表

(1)施工技术资料

1)工程技术文件报审表

2)土方工程施工方案,地基处理方案

3)土方回填工程技术交底记录

4)地基处理设计变更单或洽商记录

(2)施工记录

1)隐蔽工程验收记录

2)地基处理记录

(3)施工试验记录及检测报告

1)土工击实试验报告

2)回填土试验报告

(4)施工质量验收记录

1)土方回填检验批质量验收记录表

2)土方回填分项工程质量验收记录表

6.2.2　土方回填工程资料填写范例

隐蔽工程验收记录

施工单位:××建设集团有限公司

工程名称		××工程		分项工程名称	土方回填
施工图名称及编号		结施1、结施2		项目经理	×××
施工标准名称及编号		《建筑地基基础工程施工质量验收规范》 (GB 50202—2002)		专业技术负责人	×××
隐蔽工程部位	基础①~⑧/ Ⓐ~Ⓗ轴	质量要求	施工单位自查情况		监理(建设)单位验收情况
检验内容	标高	－5.4m	符合设计要求		同意施工单位自查情况
	槽底土质	粉砂、细砂层	与地质勘察报告相符		同意施工单位自查情况
	水位	未出现地下水	与地质勘察报告相符		同意施工单位自查情况
	基底轮廓尺寸	符合设计要求	符合设计要求		同意施工单位自查情况
	清理情况	清除到持力层,无杂物	清槽工作到位		同意施工单位自查情况
施工单位自查结论		经检查:基底标高、基底轮廓尺寸符合设计要求;槽底土质与地质勘察报告相符,清槽工作到位,未出现地下水 施工单位项目技术负责人:×××　　　　　　　2015 年 4 月 11 日			
监理(建设)单位验收结论		同意隐蔽,进行下道工序 监理工程师(建设单位项目负责人):×××　　　　2015 年 4 月 11 日			
备　注					

土壤试验报告

委托单位:××建设集团有限公司　　　　　　　　　　　　　　　　试验编号:

工程名称	××工程			委托日期	2015 年 6 月 17 日
取样部位	室外回填土	试样种类	2:8 灰土	报告日期	2015 年 6 月 17 日
试样数量	6 个	控制最小干密度	1.649/m³	检验类别	委托
取样编号	取样步次	湿密度 g/cm³	含水率%	干密度 g/cm³	单个结论
1	第一步	1.83	13.4	1.61	合格
2	第一步	1.88	14.8	1.64	合格
3	第一步	1.95	16.3	1.68	合格
4	第一步	1.95	18.6	1.64	合格
5	第一步	1.94	21.2	1.60	合格
6	第一步	1.93	24.8	1.55	合格

取样位置示意图:

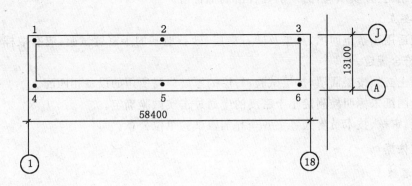

依据标准:

　　《土工试验方法标准》(GB/T 50123)

检验结论:

　　达到最小干密度要求

备注:1. 本报告未经本室书面同意不得部分复制;

　　 2. 见证单位:××建设监理公司;

　　 3. 见证人:×××;

　　 4. 基槽回填为分层夯实,每层共取 8 点,每层虚铺 200mm 厚,计 15 层;

　　 5. 上部三层为灰土,土壤试验的取样、试验要求相同

试验单位:××检测中心　　技术负责人:×××　　　审核:×××　　　试(检)验:×××

一册在手　表格全有　贴近现场　资料无忧

《土壤试验报告》填写说明与依据

土壤试验报告是为保证建筑工程质量,由试验单位对工程中的回填土的干密度指标进行测试后出具的质量证明文件。

一、表格解析

1. 责任部门

有资质检测单位提供,试验员收集。

2. 提交时限

随回填施工进度完成,干密度试验 3d 左右。

3. 填写要点

(1)委托单位:提请试验的单位。

(2)试验编号:由试验室按收到试件的顺序统一排列编号。

(3)工程名称及取样部位:按委托单上的工程名称及取样部位填写。

(4)检验类别:有委托、仲裁、抽样、监督和对比五种,按实际填写。

(5)试样种类:一般有素土、2:8 灰土、3:7 灰土等。

(6)最小干密度:指设计图纸标明的或通过击实试验确定的应控制的最小干密度。

(7)检验结论:按实填写,必须明确合格或不合格。

4. 检查要点

(1)本表适用于素土回填、灰土及砂石垫层、砂石地基的干密度试验,应有取样位置示意图,取点分布应符合规定。

(2)回填土必须按层回填,按层试验,每层的厚度应与所用的设备相匹配。

(3)设计图纸未标明控制最小于密度的应通过击实试验确定。

(4)试验、审核、技术负责人签字齐全并加盖试验单位公章。

二、填写依据

1. 规范名称

(1)《土工试验方法标准》(GB 50123)

(2)《建筑地基基础工程施工质量验收规范》(GB 50202—2002)

2. 相关要求

(1)取样原则及方法

1)取样原则:

①基坑、室内回填每 50～100m² 不少于一个检验点。

②基槽、管沟每 10～20m 不少于一个检验点。

③每一独立基础至少有一个检验点。

④对灰土、砂和砂石地基、土工合成材料、粉煤灰地基、强夯地基,每单位工程不少于 3 点;对 1000m² 以上工程,每 100m² 至少应有一点;对 3000m² 以上工程,每 300m² 至少应有一点。

⑤场地平整,每 100～400m² 取 1 点,但不应少于 10 点;长度、宽度和边坡按每 20m² 取 1 点,每边不应少于 1 点。

2)取样方法:

①环刀法:每段每层进行检验,应在夯实层下半部(至每层表面以下 2/3 处)用环刀取样。

此试验方法适用于黏性土。

②罐砂法:用于级配砂再回填或不宜用环刀法取样的土质。采用罐砂法取样时,取样数量可较环刀法适当减少,取样部位应为每层压实的全部深度。此方法适用于现场测定原状砂和砾质土的密度。

(2)试验参考数据

1)素土、灰土、砂或级配砂石回填应按设计要求办理,当设计无要求时,控制干密度 ρ_d(g/cm^3)应符合下列标准:

素土:一般应≥1.65,黏土可降低 10%;灰土、粉土≥1.55,粉质黏土≥1.50,黏土≥1.45;砂不小于在中密状态时的干密度,中砂 1.55～1.60;级配砂石 2.1～2.2。

步数:夯实后素土每步厚度为 15cm;灰土每步厚度为 20cm;冬期施工夯实厚度宜为 10～15cm。

2)填土压实后的干密度,应有 90% 以上符合设计要求,其余 10% 的最低值与设计值的差不得大于 0.08g/cm^3,且不得集中。

(3)其他要求

1)回填土分层压实取样,做现场干密度试验,得出该层的现场干密度值,如该层的现场干密度数值均大于或等于控制干密度,则说明该层压实质量合格。否则,应重新施工压实,重新取样试验直至合格方可进行下层填土施工。

2)现场干密度试验报告的简图应按规定要求绘制,包括回填土取点平面、剖面示意图,标明重要控制轴线、尺寸数字。剖面图应标明分层厚度、回填土起止标高。

土壤击实试验报告

委托单位:××建设集团有限公司　　　　　　　　　　　　　　试验编号:×××

工程名称	××工程		取样部位	室外回填土	
土壤类别	灰土	最大粒径(mm)	××	压实系数	0.95
检验类别	委托	委托日期	2015.6.17	报告日期	2015.6.19

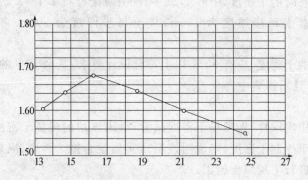

ρ_a—ω 关系曲线　　　　　ω: 　 %

依据标准:《土工试验方法标准》(GB/T 50123—1999)

检验结论:最佳含水率　16.3　%,最大干密度　1.68　g/cm³,控制最小干密度　1.95　g/cm³

试验单位:××检测中心　　技术负责人:×××　　　　审核:×××　　　　试(检)验:×××

《土壤击实试验报告》填写说明与依据

土方回填工程应进行土工击实试验,测定回填土质的最大干密度和最佳含水量,按规范要求分段、分层(步)回填,并取样对回填质量进行检验。土壤击实试验报告是指为确定回填土的控制最小干密度,由试验单位对回填土进行击实试验后出具的报告单。

一、表格解析

1. 责任部门

有资质检测单位提供,试验员收集。

2. 提交时限

回填施工前完成,击实试验 3~7d。

3. 填写要点

(1)委托单位:提请试验的单位。

(2)试验编号:由试验室按收到试件的顺序统一排列编号。

(3)工程名称及取样部位:按委托单上的工程名称及取样部位填写。

(4)检验类别:有委托、仲裁、抽样、监督和对比五种,按实际填写。

(5)土样种类:一般有素土、2:8灰土、3:7灰土等。

二、填写依据

1. 规范名称

《土工试验方法标准》(GB/T 50123)

2. 相关要求

土方工程应测定土的最大干密度和最优含水率,确定最小干密度控制值。土工击实应由项目试验员负责委托,达到试验周期并在回填施工前领取试验报告,检查内容齐全无误后提交项目技术员或资料员。

(1)设计有压实系数要求的,应先取土样进行击实试验,确定最大干密度和最优含水量,并根据设计提出的压实系数计算出填料的控制干密度。

(2)设计无压实系数要求且无干密度要求的,依据表6-4选择压实系数,再取土样进行击实试验,确定填料的控制干密度后。

表 6-4 　　　　　　　　　　　　　　　　压实填土的质量控制

结构类型	填土部位	压实系数 λ_c	控制含水量(%)
砌体承重结构和框架结构	在地基主要受力层范围内	≥0.97	$W_{op} \pm 2$
	在地基主要受力层范围以下	≥0.95	
排架结构	在地基主要受力层范围内	≥0.96	
	在地基主要受力层范围以下	≥0.94	

注:①λ_c 为回填土控制干密度与最大干密度的比值。

②地坪垫层以下及基础底面标高以上的压实填土,压实系数不应小于 0.94。

③W_{op} 为最佳含水率。

(3)对于一般的小型工程无击实试验条件的单位,最大干密度可按现行规范提供的经验公式计算。

(4)做标准击实试验的土样取样数量应满足:素土或灰土不少于 25kg,砂或级配砂石不少于 45kg。

检 验 报 告

检验项目： 工程地点土壤氡浓度

委托单位： ××集团开发有限公司

检验类别： 委托检验

××市建设机械与材料质量监督检验站

报告编号:061－2015－D023

检 验 报 告

工程名称	××工程		
检验类别	委托检验	委托编号	201505-D—01
建设单位名称	××集团开发有限公司		
委托单位名称	××集团开发有限公司		
工程地点	××市××区××路		
检验依据	委托单; 《民用建筑工程室内环境污染控制规范》(GB 50325－2001); 该工程地质勘察报告、基础平面图		
检验项目	工程地点土壤氡浓度		
检验日期	2015 年 11 月 16 日	完成日期	2015 年 11 月 17 日
检验结论	该工程地点土壤平均氡浓度为 3070Bq/m³,为本地区参考带土壤氡浓度平均值的 1.6 倍,根据《民用建筑工程室内环境污染控制规范》(GB 50325－2010)规定,本工程设计中可不采取防氡工程措施。 (检验报告专用章)		
检验条件	检测前 24h 以内天气状况:晴 检测当时气象条件: 晴;空气温度 10.4℃,相对湿度 15.6%;大气压 101.5kPa。		

批准:××× 　　　　　　　审核:××× 　　　　　　　编制:×××

一、检验过程

　　本次检验范围涵盖该项目地质勘查范围,总占地面积 1700m²。

　　在工程地质勘测范围内以间距 10m 做网格布点,各网格点即为测试点:当遇较大石块或其他障碍时偏离 ±2m。布点位置覆盖基础工程范围。

　　在每个测试点采用专用钢钎打孔,孔径 20mm,打孔深度为 600mm～800mm。成孔后,使用头部有气孔的特制取样器插入打好的孔中,取样器在靠近地表处踩实密闭,避免大气渗入孔中。

二、检验方法

　　将 RAD 7 连续测氡仪吸气管经过隔离瓶和干燥管与取样器吸气管连接,直接抽气并测定氡气浓度。

　　设定 RAD 7 连续测氡仪的测量周期为 5min,每个测点连续测量 3 次,取第 3 次数据为该点氡浓度。

　　该工程各地块地表土壤氡浓度取各测点检测结果的算术平均值。

三、检验结果

1. 布点示意图

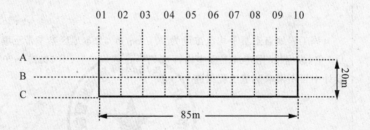

2. 计算表(Bq/m³)

	测点值 1	测点值 2	测点值 3	测点值 4	测点值 5	测点值 6	测点值 7	测点值 8	测点值 9	测点值 10
A	2360	2620	3530	4820	5670	5250	4910	4060	3990	3870
B	3530	3430	1850	1570	1890	1670	2650	2810	3060	3780
C	2470	3660	1750	2560	2230	3620	1990	2060	2080	2370
平均值	3070									

参考带

	测点值 1	测点值 2	测点值 3	测点值 4	测点值 5	测点值 6	测点值 7	测点值 8	测点值 9	测点值 10
A	1660	1790	2180	1690	1720	2030	2110	1690	1870	1890
平均值	1863									

3. 检测结果表

面积(m^2)	测点数(个)	平均氡浓度(Bq/m^3)
1700	30	3070

四、检验设备

RAD 7 连续测氡仪(编号:HJ—HQ 07)及配套土壤检测探头;

AZ 8701 数字温湿度计(编号:HJ—LJ 36);

DYM 3 空盒气压计(编号:HJ—HQ 06)

(本页以下空白)

土方回填检验批质量验收记录

01050201 001

单位(子单位)工程名称	××大厦	分部(子分部)工程名称	地基与基础/土方	分项工程名称	土方回填
施工单位	××建筑有限公司	项目负责人	赵斌	检验批容量	50m^2
分包单位	/	分包单位项目负责人	/	检验批部位	1～7/A～C轴土方
施工依据	《建筑地基处理技术规范》JGJ79-2012		验收依据	《建筑地基基础工程施工质量验收规范》GB50202-2002	

		验收项目	设计要求及规范规定		最小/实际抽样数量	检查记录	检查结果
主控项目	1	标高	桩基基坑基槽		-50	10/10	抽查10处,合格10处	√
			场地平整	人工	±30	/	/	
				机械	±50	/	/	
			管沟		-50	/	/	
			地(路)面基础层		-50	/	/	
	2	分层压实系数	设计要求		10/10	抽查10处,合格10处	√
一般项目	1	回填土料	设计要求		10/10	抽查10处,合格10处	100%
	2	分层厚度及含水量	设计要求		10/10	抽查10处,合格10处	100%
	3	表面平整度	桩基基坑基槽		20	10/10	抽查10处,合格10处	100%
			场地平整	人工	20	/	/	
				机械	50	/	/	
			管沟		20	/	/	
			地(路)面基础层		20	/	/	

施工单位检查结果	符合要求 专业工长: 项目专业质量检查员: 王乐宾 柳保取 2014 年××月××日
监理单位验收结论	合格 专业监理工程师: 刘东 2014 年××月××日

《土方回填检验批质量验收记录》填写说明

1. 填写依据

(1)《建筑地基基础工程施工质量验收规范》GB 50202－2002。

(2)《建筑工程施工质量验收统一标准》GB 50300－2013。

2. 规范摘要

以下内容摘录自《建筑地基基础工程施工质量验收规范》GB 50202－2002。

验收要求

(1)一般规定参见"土方开挖检验批质量验收记录"验收要求的相关内容。

(2)土方回填

1)土方回填前应清除基底的垃圾、树根等杂物,抽除坑穴积水、淤泥,验收基底标高。如在耕植土或松土上填方,应在基底压实后再进行。

2)对填方土料应按设计要求验收后方可填入。

3)填方施工过程中应检查排水措施,每层填筑厚度、含水量控制、压实程度。填筑厚度及压实遍数应根据土质,压实系数及所用机具确定。如无试验依据,应符合表6-5的规定。

表6-5　　　　　　　　　　　　　　**填土施工时的分层厚度及压实遍数**

压实机具	分层厚度(mm)	每层压实遍数
平碾	250～300	6～8
振动压实机	250～350	3～4
柴油打夯机	200～250	3～4
人工打夯	<200	3～4

4)填方施工结束后,应检查标高、边坡坡度、压实程度等,检验标准应符合表6-6的规定。

表6-6　　　　　　　　　　　　　　**填土工程质量检验标准(mm)**

项	序	项目	允许偏差或允许值					检验方法
			柱基基坑基槽	场地平整		管沟	地(路)面基层	
				人工	机械			
主控项目	1	标高	−50	±30	±50	−50	−50	水准仪
	2	分层压实系数	设计要求					按规定方法
一般项目	1	回填土料	设计要求					取样检查或直观鉴别
	2	分层厚度及含水量	设计要求					水准仪及抽样检查
	3	表面平整度	20	20	30	20	20	用靠尺或水准仪

<u>土方回填</u> 分项工程质量验收记录表

单位(子单位)工程名称	××工程		结构类型	框架
分部(子分部)工程名称	无支护土方		检验批数	2
施工单位	××建设工程有限公司		项目经理	×××
分包单位	/		分包项目经理	/

序号	检验批名称及部位、区段	施工单位检查评定结果	监理(建设)单位验收结论
1	基础土方回填①～⑫/Ⓐ～Ⓗ轴	√	
2	基础土方回填⑫～㉓/Ⓐ～Ⓗ轴	√	
			验收合格

说明:

检查结论	基础①～㉓/Ⓐ～Ⓗ轴土方回填施工质量符合《建筑地基基础工程施工质量验收规范》(GB 50202—2002)的规定,土方回填分项工程合格。 项目专业技术负责人:××× 2015 年×月×日	验收结论	同意施工单位检查结论,验收合格。 监理工程师:××× (建设单位项目专业技术负责人) 2015 年×月×日

注:地基基础、主体结构工程的分项工程质量验收不填写"分包单位"、"分包项目经理"。

第 7 章

地下防水工程资料及范例

地下防水子分部工程应参考的标准及规范清单(含各分项工程)

《建筑工程施工质量验收统一标准》(GB 50300—2013)

《建筑地基基础工程施工规范》(GB 51004—2015)

《地下工程防水技术规范》(GB 50108—2008)

《地下防水工程质量验收规范》(GB 50208—2011)

《砂浆、混凝土防水剂》(JC 474—2008)

《聚氯乙烯(PVC)防水卷材》(GB 12952—2011)

《氯化聚乙烯防水卷材》(GB 12953—2003)

《石油沥青玻璃纤维胎防水卷材》(GB/T 14686—2008)

《弹性体改性沥青防水卷材》(GB 18242—2008)

《塑性体改性沥青防水卷材》(GB 18243—2008)

《三元丁橡胶防水卷材》(JC/T 645—2012)

《水泥基渗透结晶型防水材料》(GB 18445—2012)

《聚氯乙烯建筑防水接缝材料》(JC/T 798—97)

《水乳型沥青防水涂料》(JC/T 408—2005)

《聚氨酯防水涂料》(GB/T 19250—2013)

7.1　主体结构防水

7.1.1　主体结构防水工程资料列表

（1）施工技术资料

1）防水混凝土技术交底记录

2）水泥砂浆防水层技术交底记录

3）卷材防水层技术交底记录

4）涂料防水层技术交底记录

5）塑料防水板防水层技术交底记录

6）金属板防水层技术交底记录

7）膨润土防水材料防水层技术交底记录

8）设计变更、工程洽商记录

（2）施工物资资料

1）工程物资进场报验表

2）材料、构配件进场检验记录

3）防水材料产品合格证、检测报告、复试报告

4）原材料（水泥、砂、石等）质量证明文件及复试报告

（3）施工记录

1）隐蔽工程验收记录

2）主体结构防水工程相关施工记录

（4）施工试验记录及检测报告

主体结构防水工程相关施工试验记录

（5）施工质量验收记录

1）防水混凝土检验批质量验收记录表

2）水泥砂浆防水层检验批质量验收记录

3）卷材防水层检验批质量验收记录

4）涂料防水层检验批质量验收记录

5）塑料防水板防水层检验批质量验收记录

6）金属板防水层检验批质量验收记录

7）膨润土防水材料防水层检验批质量验收记录

8）主体结构防水工程分项工程质量验收记录表

7.1.2 主体结构防水工程资料填写范例

隐蔽工程验收记录		资料编号	×××
工程名称	××办公楼工程		
隐检项目	第一层卷材防水	隐检日期	2015 年 11 月 12 日
隐检部位	基础底板Ⅰ段 ⑦~⑧/Ⓑ~Ⓗ 轴线 −8.750~−6.200m 标高		

隐检依据:施工图图号___结施 1、结施 3、地下防水施工方案___,设计变更/洽商(编号_____/_____)及有关国家现行标准等。

主要材料名称及规格/型号:___弹性体改性沥青防水卷材(聚酯胎)Ⅰ型 3mm ××牌___

隐检内容:

基础底板Ⅰ段⑦~⑧/Ⓑ~Ⓗ轴卷材防水第一层做法及搭接密封处理:

1. 防水卷材有出厂合格证、检测报告、产品性能和使用说明书、复试报告(试验编号:××),合格。所选用的胶粘剂、密封材料等配套材料,与铺贴的卷材材性相容。

2. 采用热熔法铺贴卷材,卷材铺贴方向从西向东。

3. 在阴角、阳角处做卷材附加层,长度 500mm(平面与立面各 250mm),在距离⑦轴以东 2000mm 处后浇带(800mm 宽)增加长度为 2800mm 卷材防水层、两边各 1000mm。

4. 卷材搭接长度:两幅卷材长、短边搭接长度 100mm,相邻幅卷材接缝错开距离≥1500mm,在立面与平面的转角处,卷材的接缝留在平面上,距立面不小于 600mm。

5. 防水收头:防水卷材与永久性保护墙之间采用空铺法施工,卷材铺好后,顶部临时固定留出卷材接茬的搭接长度(500mm)。

影像资料的部位、数量:基础底板③~④/Ⓒ~Ⓓ轴,××

隐检内容已做完,请予以检查。 **申报人:**×××

检查意见:

经检查:防水卷材规格、厚度符合设计要求;卷材第一层铺设方式、搭接密封处理等符合施工质量验收规范规定,铺贴后的卷材平整顺直,搭接尺寸正确,无扭曲、空鼓、皱折损伤。

检查结论: ☑同意隐蔽 □不同意,修改后进行复查

复查结论:

复查人: 复查日期:

签字栏	施工单位	××建设集团有限公司	专业技术负责人	专业质检员	专业工长
			×××	×××	×××
	监理(建设)单位	××工程建设监理有限公司	专业工程师		×××

本表由施工单位填写,并附影像资料。

地下工程渗水漏水检测记录

工程名称	××办公楼工程	编　号	×××
防水等级	2 级	检测部位	地下室结构背水面

渗漏水量检测	1. 单个湿渍的最大面积　0　m^2;总湿渍面积　0　m^2		
	2. 每 100m^2 的渗水量　/　$L/(m^2 \cdot d)$;整个工程平均渗水量　/　$L/(m^2 \cdot d)$		
	3. 单个漏水点的最大漏水量　/　L/d;整个工程平均漏水量　/　$L/(m^2 \cdot d)$		

结构内表面的渗漏水展开图	(渗漏水现象用标识符号描述)		

处理意见与结论	(按地下工程防水等级标准)　　　　经检查,地下室背水内表面的混凝土墙面无湿渍及渗水现象,观感质量合格,符合设计要求和《地下防水工程质量验收规范》GB 50208—2011 的规定,防水等级达到 2 级。		

签字栏	施工单位	××建设集团有限公司	专业技术负责人	专业质检员
			王××	姚××
	监理单位	××工程建设监理有限公司	专业监理工程师	刘××

一册在手　表格全有　贴近现场　资料无忧

防水工程试水检查记录

工程名称	××教学楼工程	资料编号	×××
检查部位	首层卫生间地面	检查日期	2015 年 4 月 6 日
检查方式	☑第一次蓄水　□第二次蓄水	蓄水时间	从2015 年 4 月 5 日　9 时 至2015 年 4 月 6 日　9 时
	□　淋水　　□　雨期观察		

检查方法及内容:

　　首层卫生间地面第一次蓄水试验:在门口处用水泥砂浆做挡水墙,地漏周围挡高 5cm,用球塞(或棉丝)把地漏堵严密且不影响试水,然后进行放水,蓄水最浅水位为 20mm,蓄水时间为 24h。

　　检查方法:在地下一层看管根、墙体砖面、顶板是否有渗漏水现象。

检查结论:

　　经检查,首层卫生间地面第一次蓄水试验无渗漏现象,检查合格,符合规范要求

签字栏	施工单位	××建设集团有限公司	专业技术负责人	专业质检员
			王××	姚××
	监理单位	××工程建设监理有限公司	专业监理工程师	宋××

《防水工程试水检查记录》填写说明

一、填写依据

(1)《住宅装饰装修工程施工规范》GB 50327；

(2)《建筑装饰装修工程质量验收规范》GB 50210；

(3)《屋面工程质量验收规范》GB 50207－2012。

二、表格解析

1. 责任部门

施工单位项目专业技术负责人、专业质检员，项目监理机构专业监理工程师等。

2. 相关要求

(1)蓄水试验记录

1)厕浴间蓄水试验方法及要求。

凡厕浴间等有防水要求的房间必须有防水层及安装后蓄水检验记录，卫生器具安装完后应做 100％的二次蓄水试验，质检员检查合格签字记录。蓄水时间不少于 24h。蓄水最浅水位不应低于 20mm。

2)屋面蓄水试验方法及要求。

有女儿墙的屋面防水工程，能做蓄水试验的宜做蓄水检验。

蓄水试验应在防水层施工完成并验收后进行。

将水落口用球塞堵严密，且不影响试水。

蓄水深度最浅处不应小于 20mm。

蓄水时间为 24h。

(2)淋水试验记录。

1)外墙淋水试验方法及要求。

预制外墙板板缝，应有 2h 的淋水无渗漏试验记录。

预制外墙板板缝淋水数量为每道墙面不少于 10％～20％的缝，且不少于一条缝。

试验时在屋檐下竖缝处 1.0m 宽范围内淋水，应形成水幕。

淋水时间为 2h。

试验时气温在＋5℃以上。

2)屋面淋水试验方法及要求。

高出屋面的烟、风道、出气管、女儿墙、出入孔根部防水层上口应做淋水试验。屋面防水层应进行持续 2h 淋水试验。沿屋脊方向布置与屋脊同长度的花管（钢管直径 38cm 左右，管上部钻 3～5mm 的孔，布置两排，孔距 80～100mm 左右），用有压力的自来水管接通进行淋水（呈人工降水状）。风道、出气管、女儿墙、出入孔根部防水层上口应做淋水试验，并做好记录。

(3)雨季观察记录

冬季施工的工程，应在来年雨季之前补做淋水、蓄水试验，或做好雨季观察记录。

记录主要包括：降雨级数、次数、降雨时间、检查结果、检查日期及检查人。

(4)不具备蓄水和淋水试验条件的要求。

对于不具备全部屋面进行蓄水和淋水试验条件的屋面防水工程，除做好雨季观察记录外，对屋面细部、节点的防水应进行局部蓄水和淋水试验。

(5)水落口应做蓄水检验，时间不少于 2h。

(6)女儿墙、出屋面管道、烟（风）道防水卷材上卷部位等应做淋水试验，时间不少于 2h。

7.2 细部构造防水

7.2.1 细部构造防水工程资料列表

(1)施工技术资料

1)变形缝技术交底记录

2)后浇带技术交底记录

3)穿墙管技术交底记录

4)桩头技术交底记录

5)孔口技术交底记录

6)坑、池技术交底记录

7)预埋件技术交底记录

8)设计变更、工程洽商记录

(2)施工物资资料

1)工程物资进场报验表

2)材料、构配件进场检验记录

3)细部构造所用止水带、遇水膨胀橡胶腻子止水条和接缝密封材料的产品合格证、检测报告、复试报告

4)原材料(水泥、砂、石等)质量证明文件及复试报告

(3)施工记录

1)隐蔽工程验收记录

2)细部构造防水混凝土等相关的施工记录

(4)施工试验记录及检测报告

细部构造防水混凝土等相关的施工试验记录

(5)施工质量验收记录

1)施工缝检验批质量验收记录

2)变形缝检验批质量验收记录

3)后浇带检验批质量验收记录

4)穿墙管检验批质量验收记录

5)埋设件检验批质量验收记录

6)预留通道接头检验批质量验收记录

7)桩头检验批质量验收记录

8)孔口检验批质量验收记录

9)坑、池检验批质量验收记录

10)细部构造分项工程质量验收记录表

7.2.2　细部构造防水工程资料填写范例

<table>
<tr><td colspan="2" rowspan="2" style="text-align:center">隐蔽工程验收记录</td><td>资料编号</td><td>×××</td></tr>
<tr><td colspan="2"></td></tr>
<tr><td>工程名称</td><td colspan="3">××办公楼工程</td></tr>
<tr><td>隐检项目</td><td>施工缝</td><td>隐检日期</td><td>2015 年 12 月 22 日</td></tr>
<tr><td>隐检部位</td><td colspan="3">地下一层Ⅰ段　①~③/⑧~⑭轴线　外墙及顶板</td></tr>
</table>

隐检依据:施工图图号＿＿＿结施－4、结施－7＿＿＿,设计变更/洽商(编号＿＿＿＿＿/＿＿＿＿＿)及有关国家现行标准等。

主要材料名称及规格/型号:＿＿＿＿＿50×100mm 木方、BW 止水条＿＿＿＿＿

隐检内容:

1. 外墙与顶板交接外水平施工缝留置在板底 50mm 处,设置时采用预埋 50×100mm 木方扁放,留置凹槽,后钉 BW 止水条,竖向施工缝留置在××轴处,用钢板网拦住后再用木方挤紧,木方做成齿口卡住钢筋。

2. 施工缝的处理:水平施工缝剔掉混凝土软弱层,使其显露石子,并清理干净。

影像资料的部位、数量:

隐检内容已做完,请予以检查。

申报人:×××

检查意见:

经检查,施工缝的留置方法、位置以及接槎的处理均符合要求。

检查结论:　☑同意隐蔽　□不同意,修改后进行复查

复查结论:

复查人:　　　　　　　　　　　　　　复查日期:

<table>
<tr><td rowspan="2">签字栏</td><td>施工单位</td><td>××建设集团有限公司</td><td>专业技术负责人</td><td>专业质检员</td><td>专业工长</td></tr>
<tr><td></td><td></td><td>×××</td><td>×××</td><td>×××</td></tr>
<tr><td></td><td>监理(建设)单位</td><td>××工程建设监理有限公司</td><td>专业工程师</td><td colspan="2">×××</td></tr>
</table>

本表由施工单位填写,并附影像资料。

工程物资进场报验表

		编　号	×××

工 程 名 称	××工程	日　期	2015年×月×日

现报上关于＿＿＿＿＿＿地下防水＿＿＿＿＿＿工程的物资进场检验记录,该批物资经我方检验符合设计、规范及合约要求,请予以批准使用。

物资名称	主要规格	单 位	数 量	选样报审表编号	使用部位
BW－96遇水膨胀止水条	5000×30×20mm	m	××	/	地梁、采光井外墙

附件：

	名　称	页　数	编　号
1.☑	出厂合格证	1 页	×××
2.☑	厂家质量检验报告	1 页	×××
3.☐	厂家质量保证书	＿页	
4.☐	商检证	＿页	
5.☑	进场检验记录	1 页	×××
6.☐	进场复试报告	＿页	
7.☐	备案情况	＿页	
8.☐		＿页	

申报单位名称：××建设工程有限公司　　　　申报人(签字)：×××

施工单位检验意见：

　　报验的工程材料的质量证明文件齐全,同意报项目监理部审批。

☑有 / ☐无 附页

施工单位名称：××建设工程有限公司　　技术负责人(签字)：×××　　审核日期：2015年×月×日

验收意见：

　　1.物资质量控制资料齐全、有效。

　　2.材料试验合格。

　　同意承包单位检验意见,该批物资可以进场使用于本工程指定部位。

审定结论：　　　☑同意　　　☐补报资料　　　☐重新检验　　　☐退场

监理单位名称：××建设监理有限公司　　监理工程师(签字)：×××　　验收日期：2015年×月×日

本表由施工单位填报,建设单位、监理单位、施工单位各存一份。

材料、构配件进场检验记录				编　号		×××	
工程名称		××工程			检验日期	2015 年×月×日	
序号	名　称	规格型号	进场数量	生产厂家 合格证号	检验项目	检验结果	备　注
1	BW－96 遇水膨胀止水条	5000×30×20mm	××m	××防水材料有限公司 ×××	外观,质量证明文件	合格	

检验结论:

签字栏	建设(监理)单位	施工单位	××建设工程有限公司	
		专业质检员	专业工长	检验员
	×××	×××	×××	×××

本表由施工单位填写并保存。

7.3　特殊施工法结构防水

7.3.1　特殊施工法结构防水工程资料列表

(1)施工区域的地质勘察资料,基坑范围内地下管线、构筑物及邻近建筑物的资料

(2)施工技术资料

1)特殊施工法结构防水工程施工方案

2)特殊施工法结构防水工程技术交底记录

3)图纸会审、设计变更、工程洽商记录

(3)施工物资资料

1)工程物资进场报验表

2)材料、构配件进场检验记录

3)钢筋、水泥、砂、石等质量证明文件及复试报告

4)预拌混凝土出厂合格证

5)预拌混凝土运输单

(4)施工记录

1)隐蔽工程验收记录

2)施工记录

3)质量检查记录

4)混凝土浇灌申请书

5)混凝土开盘鉴定

6)混凝土原材料称量记录

(5)施工试验记录及检测报告

1)钢筋连接试验报告

2)混凝土配合比申请单、通知单

3)混凝土试块强度统计、评定记录

4)混凝土抗渗试验报告

(6)施工质量验收记录

1)锚喷支护检验批质量验收记录

2)地下连续墙检验批质量验收记录

3)盾构隧道检验批质量验收记录

4)沉井检验批质量验收记录

5)逆筑结构检验批质量验收记录

6)特殊施工法结构防水分项工程质量验收记录表

7.3.2　特殊施工法结构防水工程资料填写范例

隐蔽工程检查记录	编　号	××××

工程名称	××市地铁×号线××站～××站盾构区间工程		
隐检项目	管片拼装接缝防水	隐检日期	2015 年×月×日
隐检部位	右线隧道 1091～1099 环		

隐检依据:施工图图号　　结施 10,混凝土施工方案　　,设计变更/洽商(编号　　　××　　　)
及有关国家现行标准等。
主要材料名称及规格/型号:　　　防水材料、橡胶密封垫　　　。

隐检内容:
　1.防水材料的品种、规格、性能、构造形式、截面尺寸。
　2.钢筋混凝土管片的抗渗性能。
　3.防水密封垫粘贴是否牢固、平整、严密、位置正确。
　4.拼装时有无损坏防水密封垫及脱槽、扭曲和移位现象。
　5.管片拼装接缝及螺栓孔的防水处理情况。

申报人:×××

检查意见:
　符合设计要求和施工规范规定,同意隐蔽,进行下道工序施工。

检查结论:　☑同意隐蔽　　□不同意,修改后进行复查

复查结论:

复查人:	复查日期:

签字栏	建设(监理)单位	施工单位	××城建地铁工程有限公司	
		专业技术负责人	专业质检员	专业工长
	×××	×××	×××	×××

本表由施工单位填写,建设单位、施工单位、城建档案馆各保存一份。

7.4 排水

7.4.1 排水工程资料列表

(1)施工技术资料

排水工程技术交底记录

(2)施工物资资料

1)工程物资进场报验表

2)材料、构配件进场检验记录

3)砂、石试验报告,土工布、排水管质量证明文件

(3)施工记录

1)隐蔽工程验收记录

2)测量放线及复测记录

3)地基验槽检查记录

(4)施工质量验收记录

1)渗排水、盲沟排水检验批质量验收记录

2)隧道排水、坑道排水检验批质量验收记录

3)塑料排水板排水检验批质量验收记录

4)排水分项工程质量验收记录表

7.4.2　排水工程资料填写范例

<table>
<tr><td colspan="3" rowspan="2" style="text-align:center;font-size:large">隐蔽工程检查记录</td><td>编　号</td><td>×××</td></tr>
<tr><td colspan="2"></td></tr>
<tr><td>工程名称</td><td colspan="4">××大厦</td></tr>
<tr><td>隐检项目</td><td colspan="2">地下防水(渗排水工程)</td><td>隐检日期</td><td>2015 年×月×日</td></tr>
<tr><td>隐检部位</td><td colspan="4">基础　①～⑳/Ⓐ～Ⓖ轴　－10.75 标高</td></tr>
</table>

隐检依据:施工图图号＿＿＿结施××、建施××＿＿＿,设计变更/洽商(编号＿＿/＿＿)及有关国家现行标准等。

主要材料名称及规格/型号:＿＿＿＿砂、石、无砂混凝土管＿＿＿＿。

隐检内容:

1. 材料情况:砂、石,见砂试验报告(编号××)、石试验报告(编号××);无砂混凝土管,合格。

2. 渗排水层的构造符合设计要求。过滤层与基坑土层接触处用厚度为 100mm、粒径为 5～10mm 的石子铺填。沿渗水沟安放渗排水管,管与管相互对接处留出 10mm 间隙。在做渗排水层时,将管埋实固定,渗排水管的埋设深度及坡度符合设计和规范要求。

3. 分层设渗排水层(即 20～40mm 的碎石层)至结构底面。分层厚度及密实度均匀一致,与基坑周围土接触处,设粗砂滤水层。

4. 隔浆层铺抹 50mm 厚的水泥砂浆,铺设时抹实压平。隔浆层铺抹至墙边。

申报人:×××

检查意见:

经检查,符合设计要求和《地下防水工程质量验收规范》(GB 50208—2002)的规定。

检查结论:　☑同意隐蔽　　□不同意,修改后进行复查

复查结论:

复查人:　　　　　　　　　　　　　　　　复查日期:

<table>
<tr><td rowspan="3">签字栏</td><td rowspan="3">建设(监理)单位</td><td colspan="2">施工单位</td><td>××建设工程有限公司</td></tr>
<tr><td>专业技术负责人</td><td>专业质检员</td><td>专业工长</td></tr>
<tr><td></td></tr>
<tr><td></td><td>×××</td><td>×××</td><td>×××</td><td>×××</td></tr>
</table>

本表由施工单位填写,建设单位、施工单位、城建档案馆各保存一份。

渗排水、盲沟排水检验批质量验收记录

01070401___001____

单位(子单位)工程名称	××大厦	分部(子分部)工程名称	地基与基础/地基	分项工程名称	渗排水、盲沟排水
施工单位	××建筑有限公司	项目负责人	赵斌	检验批容量	100m
分包单位	/	分包单位项目负责人	/	检验批部位	广场
施工依据	《××××工艺标准》××××-××××、施工方案		验收依据	《地下防水工程质量验收规范》GB 50208-2011	

		验收项目	设计要求及规范规定	最小/实际抽样数量	检查记录	检查结果
主控项目	1	盲沟反滤层的层次和粒径组成	第7.1.7条	/	试验合格,报告编号×××××	√
	2	集水管的埋置深度及坡度	第7.1.8条	10/10	抽查10处,合格10处	√
一般项目	1	渗排水构造	第7.1.9条	10/10	抽查10处,合格10处	100%
	2	渗排水层的铺设	第7.1.10条	10/10	抽查10处,合格10处	100%
	3	盲沟排水构造	第7.1.11条	10/10	抽查10处,合格10处	100%
	4	集水管采用平接式或承插式接口	第7.1.12条	10/10	抽查10处,合格10处	100%
施工单位检查结果	符合要求 专业工长: 王东兴 项目专业质量检查员: 郝保敬 2014年××月××日					
监理单位验收结论	合格 专业监理工程师: 刘东 2014年××月××日					

《渗排水、盲沟排水检验批质量验收记录》填写说明

1. 填写依据

(1)《地下防水工程质量验收规范》GB 50208－2011。

(2)《建筑工程施工质量验收统一标准》GB 50300－2013。

2. 规范摘要

以下内容摘录自《地下防水工程质量验收规范》GB 50208－2011。

验收要求

参见"防水混凝土检验批质量验收记录"的验收要求的相关内容。

(1)渗排水、盲沟排水

1)渗排水适用于无自流排水条件、防水要求较高且有抗浮要求的地下工程。盲沟排水适用于地基为弱透水性土层、地下水量不大或排水面积较小,地下水位在结构底板以下或在丰水期地下水位高于结构底板的地下工程。

2)渗排水应符合下列规定:

①渗排水层用砂、石应洁净,含泥量不应大于 2.0%;

②粗砂过滤层总厚度宜为 300mm,如较厚时应分层铺填;过滤层与基坑土层接触处,应采用厚度为 100mm～150mm、粒径为 5mm～10mm 的石子铺填;

③集水管应设置在粗砂过滤层下部,坡度不宜小于 1%,且不得有倒坡现象。集水管之间的距离宜为 5m～10m,并与集水井相通;

④工程底板与渗排水层之间应做隔浆层,建筑周围的渗排水层顶面应做散水坡。

3)盲沟排水应符合下列规定:

①盲沟成型尺寸和坡度应符合设计要求;

②盲沟的类型及盲沟与基础的距离应符合设计要求;

③盲沟用砂、石应洁净,含泥量不应大于 2.0%;

④盲沟反滤层层次和粒径组成应符合表 7-1 的规定;

表 7-1　　　　　　　　　　　盲沟反滤层的层次和粒径组成

反滤层的层次	建筑物地区地层为砂性土时 (塑性指数 $I_p<3$)	建筑物地区地层为黏性土时 (塑性指数 $I_p>3$)
第一层(贴天然土)	用 1mm～3mm 粒径砂子组成	用 2mm～5mm 粒径砂子组成
第二层	用 3mm～10mm 粒径小卵石组成	用 5mm～10mm 粒径小卵石组成

④盲沟在转弯处和高低处应设置检查井,出水口处应设置滤水箅子。

4)渗排水、盲沟排水均应在地基工程验收合格后进行施工。

5)集水管宜采用无砂混凝土管、硬质塑料管或软式透水管。

6)渗排水、盲沟排水分项工程检验批的抽样检验数量:应按 10%抽查,其中按两轴线间或 10 延米为 1 处,且不得少于 3 处。

Ⅰ　主控项目

7)盲沟反滤层的层次和粒径组成必须符合设计要求。

检验方法:检查砂、石试验报告和隐蔽工程验收记录。

8)集水管的埋置深度及坡度必须符合设计要求。

检验方法:观察和尺量检查。

Ⅱ 一般项目

9)渗排水构造应符合设计要求。

检验方法:观察检查和检查隐蔽工程验收记录。

10)渗排水层的铺设应分层、铺平、拍实。

检验方法:观察检查和检查隐蔽工程验收记录。

11)盲沟排水构造应符合设计要求。

检验方法:观察检查和检查隐蔽工程验收记录。

12)集水管采用平接式或承插式接口应连接牢固,不得扭曲变形和错位。

检验方法:观察检查

隧道排水、坑道排水检验批质量验收记录

01070402___001___

单位（子单位）工程名称	××大厦	分部（子分部）工程名称	地基与基础/地基	分项工程名称	隧道排水、坑道排水
施工单位	××建筑有限公司	项目负责人	赵斌	检验批容量	800m
分包单位	/	分包单位项目负责人	/	检验批部位	广场
施工依据	《××××工艺标准》××××-××××、施工方案		验收依据	《地下防水工程质量验收规范》GB 50208-2011	

		验收项目	设计要求及规范规定	最小/实际抽样数量	检查记录	检查结果
主控项目	1	盲沟反滤层的层次和粒径	第7.2.10条	/	试验合格，报告编号××××	√
	2	无砂混凝土管、硬质塑料管或软式透水管	第7.2.11条	/	质量证明文件齐全，检测合格，报告编号××××	√
	3	遂道、坑道排水系统必须畅通	第7.2.12条	80/80	抽查80处，合格80处	√
一般项目	1	盲沟、盲管及横向导水管的管径、间距、坡度	第7.2.13条	80/80	抽查80处，合格80处	100%
	2	隧道或坑道内排水明沟及离壁式衬砌外排水沟，其断面尺寸及坡度	第7.2.14条	80/80	抽查80处，合格80处	100%
	3	盲管应与岩壁或初期支护密贴，并应固定牢固	第7.2.15条	80/80	抽查80处，合格80处	100%
		环向、纵向盲管接头宜与盲管相配套	第7.2.15条	80/80	抽查80处，合格80处	100%
	4	贴壁式、复合式衬壁的盲沟与混凝土衬砌接触部位应做隔浆层	第7.2.16条	80/80	抽查80处，合格80处	100%
施工单位检查结果	符合要求　　　　专业工长：　王乐忠 项目专业质量检查员：　赵伟振 　　　　　　　　　　2014年××月××日					
监理单位验收结论	合格　　　　专业监理工程师：　刘东 　　　　　　　　　　2014年××月××日					

《隧道排水、坑道排水检验批质量验收记录》填写说明

1. 填写依据

(1)《地下防水工程质量验收规范》GB 50208－2011。

(2)《建筑工程施工质量验收统一标准》GB 50300－2013。

2. 规范摘要

以下内容摘录自《地下防水工程质量验收规范》GB 50208－2011。

验收要求

参见"防水混凝土检验批质量验收记录"的验收要求的相关内容。

(1)隧道排水、坑道排水

1)隧道排水、坑道排水适用于贴壁式、复合式、离壁式衬砌。

2)隧道或坑道内如设置排水泵房时,主排水泵站和辅助排水泵站、集水池的有效容积应符合设计规定。

3)主排水泵站、辅助排水泵站和污水泵房的废水及污水,应分别排入城市雨水和污水管道系统。污水的排放尚应符合国家现行有关标准的规定。

4)坑道排水应符合有关特殊功能设计的要求。

5)隧道贴壁式、复合式衬砌围岩疏导排水应符合下列规定:

①集中地下水出露处,宜在衬砌背后设置盲沟、盲管或钻孔等引排措施;

②水量较大、出水面广时,衬砌背后应设置环向、纵向盲沟组成排水系统,将水集排至排水沟内;

③当地下水丰富、含水层明显且有补给来源时,可采用辅助坑道或泄水洞等截、排水设施。

6)盲沟中心宜采用无砂混凝土管或硬质塑料管,其管周围应设置反滤层;盲管应采用软式透水管。

7)排水明沟的纵向坡度应与隧道或坑道坡度一致,排水明沟应设置盖板和检查井。

8)隧道离壁式衬砌侧墙外排水沟应做成明沟,其纵向坡度不应小于0.5%。

9)隧道排水、坑道排水分项工程检验批的抽样检验数量:应按10%抽查,其中按两轴线间或10延米为1处,且不得少于3处。

Ⅰ 主控项目

10)盲沟反滤层的层次和粒径必须符合设计要求。

检验方法:检查砂、石试验报告。

11)无砂混凝土管、硬质塑料管或软式透水管必须符合设计要求。

检验方法:检查产品合格证和产品性能检测报告。

12)隧道、坑道排水系统必须畅通。

检验方法:观察检查

Ⅱ 一般项目

13)盲沟、盲管及横向导水管的管径、间距、坡度均应符合设计要求。

检验方法:观察和尺量检查。

14)隧道或坑道内排水明沟及离壁式衬砌外排水沟,其断面尺寸及坡度应符合设计要求。

检验方法:观察和尺量检查。

15)盲管应与岩壁或初期支护密贴,并应固定牢固;环向、纵向盲管接头宜与盲管相配套。

检验方法:观察检查。

16)贴壁式、复合式衬壁的盲沟与混凝土衬砌接触部位应做隔浆层。

检验方法:观察检查和检查隐蔽工程验收记录。

排水板排水检验批质量验收记录

01070403　001

单位（子单位）工程名称	××大厦	分部（子分部）工程名称	地基与基础/地基	分项工程名称	塑料排水板排水
施工单位	××建筑有限公司	项目负责人	赵斌	检验批容量	900m²
分包单位	/	分包单位项目负责人	/	检验批部位	隧道
施工依据	《××××工艺标准》××××-××××、施工方案		验收依据	《地下防水工程质量验收规范》GB 50208-2011	

		验收项目	设计要求及规范规定	最小/实际抽样数量	检查记录	检查结果
主控项目	1	塑料排水板和土工布	第7.3.8条	/	质量证明文件齐全，检测合格，报告编号	√
	2	塑料排水板排水层与排水系统	第7.3.9条	9/9	抽查9处，合格9处	√
一般项目	1	塑料排水板排水层构造和施工工艺	第7.3.10条	9/9	抽查9处，合格9处	100%
	2	塑料排水板的长短边搭接宽度	均不应小于100mm	9/9	抽查9处，合格9处	100%
	2	塑料排水板接缝	第7.3.11条	9/9	抽查9处，合格9处	100%
	3	盲沟排水构造	第7.3.12条	9/9	抽查9处，合格9处	100%

施工单位检查结果	符合要求 专业工长：王乐兴 项目专业质量检查员：郝保取 2014 年××月××日
监理单位验收结论	合格 专业监理工程师：刘东 2014 年××月××日

一册在手　表格全有　贴近现场　资料无忧

《排水板排水检验批质量验收记录》填写说明

1. 填写依据

(1)《地下防水工程质量验收规范》GB 50208—2011。

(2)《建筑工程施工质量验收统一标准》GB 50300—2013。

2. 规范摘要

以下内容摘录自《地下防水工程质量验收规范》GB 50208—2011。

验收要求

参见"防水混凝土检验批质量验收记录"的验收要求的相关内容。

(1)塑料排水板排水

1)塑料排水板适用于无自流排水条件且防水要求较高的地下工程以及地下工程种植顶板排水。

2)塑料排水板排水构造应选用抗压强度大且耐久性好的凹凸型排水板。

3)塑料排水板排水构造应符合设计要求,并宜符合以下工艺流程:

①室内底板排水按混凝土底板→铺设塑料排水板(支点向下)→混凝土垫层→配筋混凝土面层等顺序进行;

②室内侧墙排水按混凝土侧墙→粘贴塑料排水板(支点向墙面)→钢丝网固定→水泥砂浆面层等顺序进行;

③种植顶板排水按混凝土顶板→找坡层→防水层→混凝土保护层→铺设塑料排水板(支点向上)→铺设土工布→覆盖等顺序进行;

④隧道或坑道排水按初期支护→铺设土工布→铺设塑料排水板(支点向初期支护)→二次衬构等顺序进行。

4)铺设塑料排水板应采用搭接法施工,长短边搭接宽度均不应小于100mm。塑料排水板的接缝处宜采用配套胶粘剂粘结或热熔焊接。

5)地下工程种植顶板种植土若低于周围土体,塑料排水板排水层必须结合排水沟或盲沟分区设置,并保持排水畅通。

6)塑料排水板应与土工布复合使用。土工布宜采用200g/m²～400g/m²的聚酯无纺布。布应铺设在塑料排水板的凸面上。相邻土工布搭接宽度不应小于200mm,搭接部位应采用粘合或缝合。

7)塑料排水板排水分项工程检验批的抽样检验数量:应按铺设面积每100m²抽查1处,每处10m²,且不得少于3处。

Ⅰ 主控项目

8)塑料排水板和土工布必须符合设计要求。

检验方法:检查产品合格证和产品性能检测报告。

9)塑料排水板排水层必须与排水系统连通,不得有堵塞现象。

检验方法:观察检查。

Ⅱ 一般项目

10)塑料排水板排水层构造做法应符合上述7)条的规定。

检验方法:观察检查和检查隐蔽工程验收记录。

11)塑料排水板的搭接宽度和搭接方法应符合上述4)条的规定。

检验方法:观察和尺量检查。

12)土工布铺设应平整、无折皱;土工布的搭接宽度和搭接方法应符合上述6)条规定。

检验方法:观察和尺量检查。

7.5　注浆

7.5.1　注浆工程资料列表

(1)注浆施工前搜集下列有关资料：

1)工程地质纵横剖面图及工程地质、水文地质资料,如围岩孔隙率、渗透系数、节理裂隙发育情况、涌水量、水压和软土地层颗粒级配、土的标准贯入试验值及其物理力学指标等

2)工程开挖中工作面的岩性、岩层产状、节理裂隙发育程度及超、欠挖值等

3)工程衬砌类型防水等级等

4)工程渗漏水的地点、位置、渗漏形式、水量大小、水质、水压等

(2)施工技术资料

1)注浆施工方案

2)注浆工程技术交底记录

(3)施工物资资料

1)工程物资进场报验表

2)材料、构配件进场检验记录

3)配置浆液的原材料的出厂合格证、质量检验报告、试验报告

(4)施工记录

1)隐蔽工程验收记录

2)注浆效果检查记录

(5)施工试验记录及检测报告

浆液配合比及试验报告

(6)施工质量验收记录

1)预注浆、后注浆检验批质量验收记录

2)结构裂缝注浆检验批质量验收记录

3)注浆分项工程质量验收记录表

7.5.2 注浆工程资料填写范例

<table>
<tr>
<td colspan="3" align="center">隐蔽工程检查记录</td>
<td align="center">编 号</td>
<td align="center">×××</td>
</tr>
<tr>
<td align="center">工程名称</td>
<td colspan="4" align="center">××工程</td>
</tr>
<tr>
<td align="center">隐检项目</td>
<td colspan="2" align="center">预注浆、后注浆</td>
<td align="center">隐检日期</td>
<td align="center">2015 年×月×日</td>
</tr>
<tr>
<td align="center">隐检部位</td>
<td colspan="4" align="center">地下基础层 ①~⑩/Ⓐ~Ⓖ轴 −12.000m 标高</td>
</tr>
</table>

隐检依据:施工图图号 ___结施××___ 地质勘察报告 2015-0081、注浆施工方案 ___,设计变更/洽商(编号_____/_____)及有关国家现行标准等。

主要材料名称及规格/型号: _____××_____。

隐检内容:

1. 配制浆液的原材料有出厂合格证、质量检验报告、计量措施和试验报告,合格。

2. 注浆孔的数量、布置间距、钻孔深度及角度符合设计要求。

3. 按设计位置垂直钻 ϕ108 孔,底标高−12.00m,钻孔距混凝土坑壁 500mm。

4. 用水泥—水玻璃浆液在坑壁后形成 1.5m~2.5m 厚的水泥土料的胶凝体,起到隔水堵水作用。

5. 注浆各阶段的控制压力和进浆量符合设计要求。

6. 注浆结束后将注浆孔及检查孔封填密实。

申报人:×××

检查意见:

经检查,符合设计要求和《地下防水工程质量验收规范》(GB 50208−2002)的规定。

检查结论: ☑同意隐蔽 □不同意,修改后进行复查

复查结论:

复查人: 复查日期:

<table>
<tr>
<td rowspan="4" align="center">签字栏</td>
<td rowspan="2" align="center">建设(监理)单位</td>
<td align="center">施工单位</td>
<td colspan="2" align="center">××建设工程有限公司</td>
</tr>
<tr>
<td align="center">专业技术负责人</td>
<td align="center">专业质检员</td>
<td align="center">专业工长</td>
</tr>
<tr>
<td></td>
<td align="center">×××</td>
<td align="center">×××</td>
<td align="center">×××</td>
</tr>
</table>

本表由施工单位填写,建设单位、施工单位、城建档案馆各保存一份。

隐蔽工程检查记录		编　号	×××
工程名称		××工程	
隐检项目	衬砌裂缝注浆	隐检日期	2015 年×月×日
隐检部位	地下基础层　　⑨～⑬/①～⑥轴		－8.400m 标高

隐检依据:施工图图号_____,设计变更/洽商(编号_____/_____)及有关国家现行标准等。

主要材料名称及规格/型号:___超细水泥浆液___。

隐检内容:

1. 注浆材料及其配合比符合设计要求。

2. 钻孔埋管的孔位、孔径、孔距均符合设计要求。

3. 结构裂缝两侧剔成沟槽,槽宽 3cm、槽深 2cm,并清理干净。

4. 注浆孔深度不穿透结构厚度,留 10cm 厚度为安全距离。

5. 注浆的控制压力和进浆量符合设计要求。

申报人:×××

检查意见:

经检查,符合设计要求和《地下防水工程质量验收规范》(GB 50208－2002)的规定。

检查结论:　☑同意隐蔽　　□不同意,修改后进行复查

复查结论:

复查人:　　　　　　　　　　　　　　　　　　复查日期:

签字栏	建设(监理)单位	施工单位	××建设工程有限公司	
		专业技术负责人	专业质检员	专业工长
	×××	×××	×××	×××

本表由施工单位填写,建设单位、施工单位、城建档案馆各保存一份。

预注浆、后注浆检验批质量验收记录

01070501___001___

单位（子单位）工程名称	××大厦	分部（子分部）工程名称	地基与基础/地基	分项工程名称	预注浆、后注浆
施工单位	××建筑有限公司	项目负责人	赵斌	检验批容量	600m²
分包单位	/	分包单位项目负责人	/	检验批部位	厂房
施工依据	《××××工艺标准》××××-××××、施工方案		验收依据	《地下防水工程质量验收规范》GB 50208-2011	

		验收项目	设计要求及规范规定	最小/实际抽样数量	检查记录	检查结果
主控项目	1	配制浆液的原材料及配合比	第8.1.7条	/	质量证明文件齐全，检测合格，报告编号××××	√
	2	预注浆和后注浆的注浆效果	第8.1.8条	6/6	抽查6处，合格6处	√
一般项目	1	注浆孔的数量、布置间距、钻孔深度及角度	第8.1.9条	6/6	抽查6处，合格6处	100%
	2	注浆各阶段的控制压力和注浆量	第8.1.10条	6/6	抽查6处，合格6处	100%
	3	注浆时浆液不得溢出地面和超出有效注浆范围	第8.1.11条	6/6	抽查6处，合格6处	100%
	4	注浆对地面产生的沉降量	≯30mm	6/6	抽查6处，合格6处	100%
		地面的隆起	≯20mm	6/6	抽查6处，合格6处	100%

施工单位检查结果	符合要求 专业工长：王乐兴 项目专业质量检查员：杨保敬 2014年××月××日
监理单位验收结论	合格 专业监理工程师：刘东 2014年××月××日

《预注浆、后注浆检验批质量验收记录》填写说明

1. 填写依据

(1)《地下防水工程质量验收规范》GB 50208－2011。

(2)《建筑工程施工质量验收统一标准》GB 50300－2013。

2. 规范摘要

以下内容摘录自《地下防水工程质量验收规范》GB 50208－2011。

验收要求

参见"防水混凝土检验批质量验收记录"的验收要求的相关内容。

(1)预注浆、后注浆

1)预注浆适用于工程开挖前预计涌水量较大的地段或软弱地层;后注浆法适用于工程开挖后处理围岩渗漏及初期壁后空隙回填。

2)注浆材料应符合下列规定:

①具有较好的可注性;

②具有固结收缩小,良好的粘结性、抗渗性、耐久性和化学稳定性;

③低毒并对环境污染小;

④注浆工艺简单,施工操作方便,安全可靠。

3)在砂卵石层中宜采用渗透注浆法;在黏土层中宜采用劈裂注浆法;在淤泥质软土中宜采用高压喷射注浆法。

4)注浆浆液应符合下列规定:

①预注浆宜采用水泥浆液、黏土水泥浆液或化学浆液;

②后注浆宜采用水泥浆液、水泥砂浆或掺有石灰、黏土膨润土、粉煤灰的水泥浆液;

③注浆浆液配合比应经现场试验确定。

5)注浆过程控制应符合下列规定:

①根据工程地质、注浆目的等控制注浆压力和注浆量;

②回填注浆应在衬砌混凝土达到设计强度的 70% 后进行,衬砌后围岩注浆应在充填注浆固结体达到设计强度的 70% 后进行;

③浆液不得溢出地面和超出有效注浆范围,地面注浆结束后注浆孔应封填密实;

④注浆范围和建筑物的水平距离很近时,应加强对临近建筑物和地下埋设物的现场监控;

⑤注浆点距离饮用水源或公共水域较近时,注浆施工如有污染应及时采取相应措施。

6)预注浆、后注浆分项工程检验批的抽样检验数量,应按加固或堵漏面积每 $100m^2$ 抽查 1 处,每处 $10m^2$,且不得少于 3 处。

I　主控项目

7)配制浆液的原材料及配合比必须符合设计要求。

检验方法:检查产品合格证、产品性能检测报告、计量措施和材料进场检验报告。

8)预注浆和后注浆的注浆效果必须符合设计要求。

检验方法:采用钻孔取芯法检查;必要时采取压水或抽水试验方法检查。

结构裂缝注浆检验批质量验收记录

01070502___001___

单位(子单位) 工程名称	××大厦	分部(子分部) 工程名称	地基与基础/地基	分项工程名称	结构裂缝注浆
施工单位	××建筑有限公司	项目负责人	赵斌	检验批容量	60处
分包单位	/	分包单位项目 负责人	/	检验批部位	防空洞
施工依据	《××××工艺标准》××××- ××××、施工方案		验收依据	《地下防水工程质量验收规范》 GB 50208-2011	

		验收项目	设计要求及规范 规定	最小/实际抽 样数量	检查记录	检查结果
主控项目	1	注浆材料及配合比	第8.2.6条	/	质量证明文件齐全,检测合格, 报告编号××××	√
	2	结构裂缝注浆的注浆效果	第8.2.7条	6/6	抽查6处,合格6处	100%
一般项目	1	注浆孔的数量、布置间距、 钻孔深度及角度	第8.2.8条	6/6	抽查6处,合格6处	100%
	2	注浆各阶段的控制压力和 注浆量	第8.2.9条	6/6	抽查6处,合格6处	100%
施工单位 检查结果	符合要求 专业工长: 王东忠 项目专业质量检查员: 郝晓敏 2014年××月××日					
监理单位 验收结论	合格 专业监理工程师: 刘东 2014年××月××日					

一册在手 表格全有 贴近现场 资料无忧

《结构裂缝注浆检验批质量验收记录》填写说明

1. 填写依据

(1)《地下防水工程质量验收规范》GB 50208－2011。

(2)《建筑工程施工质量验收统一标准》GB 50300－2013。

2. 规范摘要

以下内容摘录自《地下防水工程质量验收规范》GB 50208－2011。

验收要求

参见"防水混凝土检验批质量验收记录"的验收要求的相关内容。

(1)结构裂缝注浆

1)结构裂缝注浆适用于混凝土结构宽度大于 0.2mm 的静止裂缝、贯穿性裂缝等堵水注浆。

2)裂缝注浆应待结构基本稳定和混凝土达到设计强度后进行。

3)结构裂缝堵水注浆宜选用聚氨酯、甲丙烯酸盐等化学浆液;补强加固的结构裂缝注浆宜选用改性环氧树脂、超细水泥等浆液。

4)结构裂缝注浆应符合下列规定:

①施工前,应沿缝清除基面上的油污杂质;

②浅裂缝应骑缝粘埋注浆嘴,必要时沿缝开凿"U"形槽并用速凝水泥砂浆封缝;

③深裂缝应骑缝钻孔或斜向钻孔至裂缝深部,孔内安放注浆管或注浆嘴,间距应根据裂缝宽度而定,但每条裂缝至少有一个进浆孔和一个排气孔;

④注浆嘴及注浆管应设在裂缝的交叉处、较宽处及贯穿处等部位。对封缝的密封效果应进行检查。

⑤注浆后待缝内浆液固化后,方可拆下注浆嘴并进行封口抹平。

5)结构裂缝注浆分项工程检验批的抽样检验数量,应按裂缝的条数抽查 10%,每条裂缝检查 1 处,且不得少于 3 处。

Ⅰ　主控项目

6)注浆材料及配合比必须符合设计要求。

检验方法:检查产品合格证、产品性能检测报告、计量措施和材料进场检验报告。

7)结构裂缝注浆的注浆效果必须符合设计要求。

检验方法:观察检查和压水或压气检查,必要时钻取芯样采取劈裂抗拉强度试验方法检查。

Ⅱ一般项目

8)注浆孔的数量、布置间距、钻孔深度及角度应符合设计要求。

检验方法:尺量检查和检查隐蔽工程验收记录。

9)注浆各阶段的控制压力和注浆量应符合设计要求。

检验方法:观察检查和检查隐蔽工程验收记录。

附表　建筑工程的分部工程、分项工程划分

序号	分部工程	子分部工程	分项工程
1	地基与基础	地基	素土、灰土地基,砂和砂石地基,土工合成材料地基,粉煤灰地基,强夯地基,注浆地基,预压地基,砂石桩复合地基,高压旋喷注浆地基,水泥土搅拌桩地基,土和灰土挤密桩复合地基,水泥粉煤灰碎石桩复合地基,夯实水泥土桩复合地基
		基础	无筋扩展基础,钢筋混凝土扩展基础,筏形与箱形基础,钢结构基础,钢管混凝土结构基础,型钢混凝土结构基础,钢筋混凝土预制桩基础,泥浆护壁成孔灌注桩基础,干作业成孔桩基础,长螺旋钻孔压灌桩基础,沉管灌注桩基础,钢桩基础,锚杆静压桩基础,岩石锚杆基础,沉井与沉箱基础
		基坑支护	灌注桩排桩围护墙,板桩围护墙,咬合桩围护墙,型钢水泥土搅拌墙,土钉墙,地下连续墙,水泥土重力式挡墙,内支撑,锚杆,与主体结构相结合的基坑支护
		地下水控制	降水与排水,回灌
		土方	土方开挖,土方回填,场地平整
		边坡	喷锚支护,挡土墙,边坡开挖
		地下防水	主体结构防水,细部构造防水,特殊施工法结构防水,排水,注浆
2	主体结构	混凝土结构	模板,钢筋,混凝土,预应力,现浇结构,装配式结构
		砌体结构	砖砌体,混凝土小型空心砌块砌体,石砌体,配筋砌体,填充墙砌体
		钢结构	钢结构焊接,紧固件连接,钢零部件加工,钢构件组装及预拼装,单层钢结构安装,多层及高层钢结构安装,钢管结构安装,预应力钢索和膜结构,压型金属板,防腐涂料涂装,防火涂料涂装
		钢管混凝土结构	构件现场拼装,构件安装,钢管焊接,构件连接,钢管内钢筋骨架,混凝土
		型钢混凝土结构	型钢焊接,紧固件连接,型钢与钢筋连接,型钢构件组装及预拼装,型钢安装,模板,混凝土
		铝合金结构	铝合金焊接,紧固件连接,铝合金零部件加工,铝合金构件组装,铝合金构件预拼装,铝合金框架结构安装,铝合金空间网格结构安装,铝合金面板,铝合金幕墙结构安装,防腐处理
		木结构	方木与原木结构,胶合木结构,轻型木结构,木结构的防护
3	建筑装饰装修	建筑地面	基层铺设,整体面层铺设,板块面层铺设,木、竹面层铺设
		抹灰	一般抹灰,保温层薄抹灰,装饰抹灰,清水砌体勾缝
		外墙防水	外墙砂浆防水,涂膜防水,透气膜防水
		门窗	木门窗安装,金属门窗安装,塑料门窗安装,特种门安装,门窗玻璃安装
		吊顶	整体面层吊顶,板块面层吊顶,格栅吊顶

分部工程代号	分部工程	子分部工程	分项工程
3	建筑装饰装修	轻质隔墙	板材隔墙,骨架隔墙,活动隔墙,玻璃隔墙
		饰面板	石板安装,陶瓷板安装,木板安装,金属板安装,塑料板安装
		饰面砖	外墙饰面砖粘贴,内墙饰面砖粘贴
		幕墙	玻璃幕墙安装,金属幕墙安装,石材幕墙安装,陶板幕墙安装
		涂饰	水性涂料涂饰,溶剂型涂料涂饰,美术涂饰
		裱糊与软包	裱糊,软包
		细部	橱柜制作与安装,窗帘盒和窗台板制作与安装,门窗套制作与安装,护栏和扶手制作与安装,花饰制作与安装
4	屋面	基层与保护	找坡层和找平层,隔汽层,隔离层,保护层
		保温与隔热	板状材料保温层,纤维材料保温层,喷涂硬泡聚氨酯保温层,现浇泡沫混凝土保温层,种植隔热层,架空隔热层,蓄水隔热层
		防水与密封	卷材防水层,涂膜防水层,复合防水层,接缝密封防水
		瓦面与板面	烧结瓦和混凝土瓦铺装,沥青瓦铺装,金属板铺装,玻璃采光顶铺装
		细部构造	檐口,檐沟和天沟,女儿墙和山墙,水落口,变形缝,伸出屋面管道,屋面出入口,反梁过水孔,设施基座,屋脊,屋顶窗
5	建筑给水排水及供暖	室内给水系统	给水管道及配件安装,给水设备安装,室内消火栓系统安装,消防喷淋系统安装,防腐,绝热,管道冲洗、消毒,试验与调试
		室内排水系统	排水管道及配件安装,雨水管道及配件安装,防腐,试验与调试
		室内热水系统	管道及配件安装,辅助设备安装,防腐,绝热,试验与调试
		卫生器具	卫生器具安装,卫生器具给水配件安装,卫生器具排水管道安装,试验与调试
		室内供暖系统	管道及配件安装,辅助设备安装,散热器安装,低温热水地板辐射供暖系统安装,电加热供暖系统安装,燃气红外辐射供暖系统安装,热风供暖系统安装,热计量及调控装置安装,试验与调试,防腐,绝热
		室外给水管网	给水管道安装,室外消火栓系统安装,试验与调试
		室外排水管网	排水管道安装,排水管沟与井池,试验与调试
		室外供热管网	管道及配件安装,系统水压试验,土建结构,防腐,绝热,试验与调试
		建筑饮用水供应系统	管道及配件安装,水处理设备及控制设施安装,防腐,.绝热,试验与调试
		建筑中水系统及雨水利用系统	建筑中水系统、雨水利用系统管道及配件安装,水处理设备及控制设施安装,防腐,绝热,试验与调试
		游泳池及公共浴池水系统	管道及配件系统安装,水处理设备及控制设施安装,防腐,绝热,试验与调试

续表

分部工程代号	分部工程	子分部工程	分项工程
5	建筑给水排水及供暖	水景喷泉系统	管道系统及配件安装,防腐,绝热,试验与调试
		热源及辅助设备	锅炉安装,辅助设备及管道安装,安全附件安装,换热站安装,防腐,绝热,试验与调试
		监测与控制仪表	检测仪器及仪表安装,试验与调试
6	通风与空调	送风系统	风管与配件制作,部件制作,风管系统安装,风机与空气处理设备安装,风管与设备防腐,旋流风口、岗位送风口、织物(布)风管安装,系统调试
		排风系统	风管与配件制作,部件制作,风管系统安装,风机与空气处理设备安装,风管与设备防腐,吸风罩及其他空气处理设备安装,厨房、卫生间排风系统安装,系统调试
		防排烟系统	风管与配件制作,部件制作,风管系统安装,风机与空气处理设备安装,风管与设备防腐,排烟风阀(口)、常闭正压风口、防火风管安装,系统调试
		除尘系统	风管与配件制作,部件制作,风管系统安装,风机与空气处理设备安装,风管与设备防腐,除尘器与排污设备安装,吸尘罩安装,高温风管绝热,系统调试
		舒适性空调系统	风管与配件制作,部件制作,风管系统安装,风机与空气处理设备安装,风管与设备防腐,组合式空调机组安装,消声器、静电除尘器、换热器、紫外线灭菌器等设备安装,风机盘管、变风量与定风量送风装置、射流喷口等末端设备安装,风管与设备绝热,系统调试
		恒温恒湿空调系统	风管与配件制作,部件制作,风管系统安装,风机与空气处理设备安装,风管与设备防腐,组合式空调机组安装,电加热器、加湿器等设备安装,精密空调机组安装,风管与设备绝热,系统调试
		净化空调系统	风管与配件制作,部件制作,风管系统安装,风机与空气处理设备安装,风管与设备防腐,净化空调机组安装,消声器、静电除尘器、换热器、紫外线灭菌器等设备安装,中、高效过滤器及风机过滤器单元等末端设备清洗与安装,洁净度测试,风管与设备绝热,系统调试
		地下人防通风系统	风管与配件制作,部件制作,风管系统安装,风机与空气处理设备安装,风管与设备防腐,过滤吸收器、防爆波活门、防爆超压排气活门等专用设备安装,系统调试
		真空吸尘系统	风管与配件制作,部件制作,风管系统安装,风机与空气处理设备安装,风管与设备防腐,管道安装,快速接口安装,风机与滤尘设备安装,系统压力试验及调试
		冷凝水系统	管道系统及部件安装,水泵及附属设备安装,管道冲洗,管道、设备防腐,板式热交换器,辐射板及辐射供热、供冷地埋管,热泵机组设备安装,管道、设备绝热,系统压力试验及调试

分部工程 代号	分部工程	子分部工程	分项工程
6	通风 与空调	空调(冷、热) 水系统	管道系统及部件安装,水泵及附属设备安装,管道冲洗,管道、设备防腐,冷却塔与水处理设备安装,防冻伴热设备安装,管道、设备绝热,系统压力试验及调试
		冷却水 系统	管道系统及部件安装,水泵及附属设备安装,管道冲洗,管道、设备防腐,系统灌水渗漏及排放试验,管道、设备绝热
		土壤源热泵 换热系统	管道系统及部件安装,水泵及附属设备安装,管道冲洗,管道、设备防腐,埋地换热系统与管网安装,管道、设备绝热,系统压力试验及调试
		水源热泵 换热系统	管道系统及部件安装,水泵及附属设备安装,管道冲洗,管道、设备防腐,地表水源换热管及管网安装,除垢设备安装,管道、设备绝热,系统压力试验及调试
		蓄能系统	管道系统及部件安装,水泵及附属设备安装,管道冲洗,管道、设备防腐,蓄水罐与蓄冰槽、罐安装,管道、设备绝热,系统压力试验及调试
		压缩式制冷(热) 设备系统	制冷机组及附属设备安装,管道、设备防腐,制冷剂管道及部件安装,制冷剂灌注,管道、设备绝热,系统压力试验及调试
		吸收式制冷 设备系统	制冷机组及附属设备安装,管道、设备防腐,系统真空试验,溴化锂溶液加灌,蒸汽管道系统安装,燃气或燃油设备安装,管道、设备绝热,试验及调试
		多联机(热泵) 空调系统	室外机组安装,室内机组安装,制冷剂管路连接及控制开关安装,风管安装,冷凝水管道安装,制冷剂灌注,系统压力试验及调试
		太阳能供暖 空调系统	太阳能集热器安装,其他辅助能源、换热设备安装,蓄能水箱、管道及配件安装,防腐,绝热,低温热水地板辐射采暖系统安装,系统压力试验及调试
		设备自控 系统	温度、压力与流量传感器安装,执行机构安装调试,防排烟系统功能测试,自动控制及系统智能控制软件调试
7	建筑电气	室外电气	变压器、箱式变电所安装,成套配电柜、控制柜(屏、台)和动力、照明配电箱(盘)及控制柜安装,梯架、支架、托盘和槽盒安装,导管敷设,电缆敷设,管内穿线和槽盒内敷线,电缆头制作、导线连接和线路绝缘测试,普通灯具安装,专用灯具安装,建筑照明通电试运行,接地装置安装
		变配电室	变压器、箱式变电所安装,成套配电柜、控制柜(屏、台)和动力、照明配电箱(盘)安装,母线槽安装,梯架、支架、托盘和槽盒安装,电缆敷设,电缆头制作、导线连接和线路绝缘测试,接地装置安装,接地干线敷设
		供电干线	电气设备试验和试运行,母线槽安装,梯架、支架、托盘和槽盒安装,导管敷设,电缆敷设,管内穿线和槽盒内敷线,电缆头制作、导线连接和线路绝缘测试,接地干线敷设
		电气动力	成套配电柜、控制柜(屏、台)和动力配电箱(盘)安装,电动机、电加热器及电动执行机构检查接线,电气设备试验和试运行,梯架、支架、托盘和槽盒安装,导管敷设,电缆敷设,管内穿线和槽盒内敷线,电缆头制作、导线连接和线路绝缘测试

一册在手　表格全有　贴近现场　资料无忧

分部工程代号	分部工程	子分部工程	分项工程
7	建筑电气	电气照明	成套配电柜、控制柜(屏、台)和照明配电箱(盘)安装,梯架、支架、托盘和槽盒安装,导管敷设,管内穿线和槽盒内敷线,塑料护套线直敷布线,钢索配线,电缆头制作、导线连接和线路绝缘测试,普通灯具安装,专用灯具安装,开关、插座、风扇安装,建筑照明通电试运行
		备用和不间断电源	成套配电柜、控制柜(屏、台)和动力、照明配电箱(盘)安装,柴油发电机组安装,不间断电源装置及应急电源装置安装,母线槽安装,导管敷设,电缆敷设,管内穿线和槽盒内敷线,电缆头制作、导线连接和线路绝缘测试,接地装置安装
		防雷及接地	接地装置安装,防雷引下线及接闪器安装,建筑物等电位连接,浪涌保护器安装
8	智能建筑	智能化集成系统	设备安装,软件安装,接口及系统调试,试运行
		信息接入系统	安装场地检查
		用户电话交换系统	线缆敷设,设备安装,软件安装,接口及系统调试,试运行
		信息网络系统	计算机网络设备安装,计算机网络软件安装,网络安全设备安装,网络安全软件安装,系统调试,试运行
		综合布线系统	梯架、托盘、槽盒和导管安装,线缆敷设,机柜、机架、配线架安装,信息插座安装,链路或信道测试,软件安装,系统调试,试运行
		移动通信室内信号覆盖系统	安装场地检查
		卫星通信系统	安装场地检查
		有线电视及卫星电视接收系统	梯架、托盘、槽盒和导管安装,线缆敷设,设备安装,软件安装,系统调试,试运行
		公共广播系统	梯架、托盘、槽盒和导管安装,线缆敷设,设备安装,软件安装,系统调试,试运行
		会议系统	梯架、托盘、槽盒和导管安装,线缆敷设,设备安装,软件安装,系统调试,试运行
		信息导引及发布系统	梯架、托盘、槽盒和导管安装,线缆敷设,显示设备安装,机房设备安装,软件安装,系统调试,试运行
		时钟系统	梯架、托盘、槽盒和导管安装,线缆敷设,设备安装,软件安装,系统调试,试运行
		信息化应用系统	梯架、托盘、槽盒和导管安装,线缆敷设,设备安装,软件安装,系统调试,试运行
		建筑设备监控系统	梯架、托盘、槽盒和导管安装,线缆敷设,传感器安装,执行器安装,控制器、箱安装,中央管理工作站和操作分站设备安装,软件安装,系统调试,试运行
		火灾自动报警系统	梯架、托盘、槽盒和导管安装,线缆敷设,探测器类设备安装,控制器类设备安装,其他设备安装,软件安装,系统调试,试运行

一册在手 表格全有 贴近现场 资料无忧

分部工程 代号	分部工程	子分部工程	分项工程
8	智能建筑	安全技术防范系统	梯架、托盘、槽盒和导管安装,线缆敷设,设备安装,软件安装,系统调试,试运行
		应急响应系统	设备安装,软件安装,系统调试,试运行
		机房	供配电系统,防雷与接地系统,空气调节系统,给水排水系统,综合布线系统,监控与安全防范系统,消防系统,室内装饰装修,电磁屏蔽,系统调试,试运行
		防雷与接地	接地装置,接地线,等电位联接,屏蔽设施,电涌保护器,线缆敷设,系统调试,试运行
9	建筑节能	围护系统节能	墙体节能,幕墙节能,门窗节能,屋面节能,地面节能
		供暖空调设备及管网节能	供暖节能,通风与空调设备节能,空调与供暖系统冷热源节能,空调与供暖系统管网节能
		电气动力节能	配电节能,照明节能
		监控系统节能	监测系统节能,控制系统节能
		可再生能源	地源热泵系统节能,太阳能光热系统节能,太阳能光伏节能
10	电梯	电力驱动的曳引式或强制式电梯	设备进场验收,土建交接检验,驱动主机,导轨,门系统,轿厢,对重,安全部件,悬挂装置,随行电缆,补偿装置,电气装置,整机安装验收
		液压电梯	设备进场验收,土建交接检验,液压系统,导轨,门系统,轿厢,对重,安全部件,悬挂装置,随行电缆,电气装置,整机安装验收
		自动扶梯、自动人行道	设备进场验收,土建交接检验,整机安装验收

参 考 文 献

1 中华人民共和国住房和城乡建设部.GB 50300－2013 建筑工程施工质量验收统一标准.北京:中国建筑工业出版社,2013

2 中华人民共和国建设部.GB 50202－2002 建筑地基基础工程施工质量验收规范.北京:中国计划出版社,2002

3 中华人民共和国建设部.GB 50007－2011 建筑地基基础设计规范.北京:中国计划出版社,2011

4 中华人民共和国住房和城乡建设部 中华人民共和国国家质量监督检验检疫总局.GB 50497－2009 建筑基坑工程监测技术规范.北京:中国计划出版社,2009

5 中华人民共和国国家质量监督检验检疫总局 中国国家标准化管理委员会.GB 175－2007 通用硅酸盐水泥.北京:中国标准出版社,2007

6 中华人民共和国建设部.GB 50025－2004 湿陷性黄土地区建筑规范.北京:中国建筑工业出版社,2004

7 中华人民共和国住房和城乡建设部.GB 50112－2013 膨胀土地区建筑技术规范.北京:中国建筑工业出版社,2013

8 中华人民共和国国家质量监督检验检疫总局 中国国家标准化管理委员会.GB 1499.1－2008 钢筋混凝土用钢 第1部分:热轧光圆钢筋.北京:中国标准出版社,2008

9 中华人民共和国国家质量监督检验检疫总局 中国国家标准化管理委员会.GB 1499.2－2007 钢筋混凝土用钢 第2部分:热轧带肋钢筋.北京:中国标准出版社,2007

10 中华人民共和国国家质量监督检验检疫总局 中国国家标准化管理委员会.GB 1499.3－2010 钢筋混凝土用钢 第3部分:钢筋焊接网.北京:中国标准出版社,2010

11 中国钢铁工业协会.GB 13788－2008 冷轧带肋钢筋.北京:中国标准出版社,2008

12 中华人民共和国建设部.JGJ 190－2006 冷轧扭钢筋.北京:中国标准出版社,2006

13 中华人民共和国住房和城乡建设部.JGJ 95－2011 冷轧带肋钢筋混凝土结构技术规程.北京:中国建筑工业出版社,2011

14 中华人民共和国住房和城乡建设部.JGJ 18－2012 钢筋焊接及验收规程.北京:中国建筑工业出版社,2012

15 国家质量技术监督局、中华人民共和国建设部.GB/T 50123－1999 土工试验方法标准.北京:中国计划出版社,1999

16 中华人民共和国建设部.GB/T 50145－2007 土的工程分类标准.北京:中国计划出版社,2007

17 中华人民共和国住房和城乡建设部.GB/T 50290－2014 土工合成材料应用技术规范.北京:中国计划出版社,2014

18 中华人民共和国住房和城乡建设部.GB/T 50146－2014 粉煤灰混凝土应用技术规范.北京:中国计划出版社,2014

19 中华人民共和国国家质量监督检验检疫总局 中国国家标准化管理委员会.GB/T 14684－2011 建设用砂.北京:中国标准出版社,2011

20 中华人民共和国国家质量监督检验检疫总局 中国国家标准化管理委员会.GB/T 14685－2011 建设用卵石、碎石.北京:中国标准出版社,2011

21 中华人民共和国住房和城乡建设部.GB/T 50783－2012 复合地基技术规范.北京:中国计划出版社,2012

22 中国钢铁工业协会.GB/T 701－2008 低碳钢热轧圆盘条.北京:中国标准出版社,2008

23 中华人民共和国国家质量监督检验检疫总局 中国国家标准化管理委员会.GB/T 1596－2005 用于水泥和混凝土中的粉煤灰.北京:中国标准出版社,2005

24 中华人民共和国住房和城乡建设部.JGJ 79－2012 建筑地基处理技术规范.北京:中国建筑工业出版社,2012